微型建筑室内热环境

INDOOR THERMAL ENVIRONMENT OF MINIMUM BUILDINGS

刘 义 陈 星 著

中国建筑工业出版社

图书在版编目（CIP）数据

微型建筑室内热环境 = INDOOR THERMAL
ENVIRONMENT OF MINIMUM BUILDINGS / 刘义，陈星著
. —北京：中国建筑工业出版社，2022.6
ISBN 978-7-112-27409-3

Ⅰ.①微… Ⅱ.①刘… ②陈… Ⅲ.①室内—建筑热
工 Ⅳ.①TU111

中国版本图书馆CIP数据核字（2022）第084667号

　　本书主要介绍微型建筑和微型建筑室内热环境的研究意义和价值，对其主要内容进行概述后引出相关的背景知识，提出微型建筑面临的关键问题及其研究室内热环境的必要性，并对其应用前景进行分析。全书共分为四章，从建筑科学技术的角度，理性地对目前的微型建筑的发展及其室内热环境与人体热舒适做了详细的分析与解读。并对舒适节能的微型建筑概念设计进行设计展望与评价，并结合案例分析给出相应的微型建筑室内热环境的改进方案。本书适用于建筑环境与能源应用、建筑学、环境设计等相关专业的在校师生及相关行业的从业者。

责任编辑：唐　旭
文字编辑：吴人杰
版式设计：锋尚设计
责任校对：张惠雯

微型建筑室内热环境
INDOOR THERMAL ENVIRONMENT OF MINIMUM BUILDINGS
刘　义　陈　星　著

*

中国建筑工业出版社出版、发行（北京海淀三里河路9号）
各地新华书店、建筑书店经销
北京锋尚制版有限公司制版
天津翔远印刷有限公司印刷

*

开本：787毫米×1092毫米　1/16　印张：8½　字数：174千字
2022年6月第一版　　2022年6月第一次印刷
定价：**39.00**元
ISBN 978-7-112-27409-3
（39030）

序

　　改革开放四十多年以来，中国的高速发展举世瞩目，人民生活水平日益提高。如今，国家已全面脱贫，实现小康。对于老百姓所最关注的"衣食住行"，穿衣、吃饭和旅行问题大多已可得到满足，却只有居住问题仍然困扰着人们。中国是世界第一的人口大国，虽然国土面积很大，但人均土地资源仍相对稀缺，尤其在人口密集的大中型城市，可以说是寸土寸金，很多人即使不缺钱，也难以购得为自己所心仪的一隅之地。在北京、上海、香港这些国际化大都市，很多人在其他方面的消费能力已经完全达到了发达国家水平，但一家数口却仍然挤在几十平方米的蜗居陋室中，对于外来人口，更是往往因为无法解决住房而难以落户，进而还会影响到孩子的入学问题和老人的养老问题。

　　在传统思维的影响下，"香车豪宅"是成功人士的标配，大面积住宅、私家别墅甚至成为一个人身份的象征，而小户型住宅则往往会被人们与"简陋、贫寒"等同起来，其所有者也往往会被视作"贫困群体"。我们需要看到，在国土资源并不充裕的大背景下，这种思想理念会对人们的"幸福值"产生误导，对大面积住宅的过分追求，甚至有可能会拉大社会的贫富差距，形成社会发展的阻力，因此并不适合我国的国情，也不应该被大肆宣扬。

　　小面积的住宅，为什么就不能舒适，为什么就不能宜居，这是一个值得研究的问题。固然，面积小可能会带来各种问题，但我们为什么不能对这些问题加以解决？"斯是陋室，惟吾德馨。……可以调素琴，阅金经。无丝竹之乱耳，无案牍之劳形。"古人尚可以"陋室"为荣，今人又为何不能？

　　另一方面，在现代社会的钢筋混凝土森林之中，千篇一律的商品房户型设计早已使人厌烦，人们迫切需要追求住房的个性化。目前旅游景点的各种特色民宿正好满足了这种需求，森林里的"树屋"，草原上的"蒙古包"，沙漠上的"驿站"，使游客们享受到了住的情趣，减缓了工作和生活的压力。然而旅游只是大多数人人生中的点缀，在平淡的日常生活中，这种个性化的住宿条件却是很难实现。我们需要看到，普通的商品房是死板的，而微型建筑却是灵活的，微型建筑往往并不是大批量的建造，而是可以根据用户需求量身定做，所以反而往往更有利于实现房屋的个性化设计，在繁琐枯燥的工作之余，回到这种专门为自己、为亲人打造的房屋，当然将会更有"家"的感觉，更有"爱"的味道。

进一步说，有房住，并不代表着住得舒服，室内热环境的有力保障，是住房舒适的首要条件。在微型的空间内，无论是对于建筑环境的各种客观参数，还是对于室内人员的各类主观指标，都将具有着诸多独有的特点。由于空间的狭小，一些因素对热环境和热舒适的影响作用也将被放大，例如围护结构传热、室内温度分层、气流分布、服装热阻、室内冷热源等，需要专门进行有针对性的调查分析。因此，在对微型建筑进行个性化设计的基础上，展开对微型建筑室内热环境和人体热舒适的研究工作，是非常必要的，也是非常关键的。

这本书着眼于面积小于$10m^2$的微型建筑空间，运用了研究团队多年的成果，将理论推导、实验测试、数值模拟、调查统计等各种研究方法相结合，力求对微型建筑室内热环境和人体热舒适问题展开探讨，研究内容包括热环境参数、热舒适参数、室内热环境传热模型等，进而提出了舒适节能型微型建筑的设计思想，并采用研究团队的多项专利技术，设计出多种类型的舒适节能型微型建筑。

建筑微型化是当今社会建筑行业的一种发展方向，本书所包含的内容，将是解决我国人口和住房问题的一个有益尝试。希望更多的人有房子住，有舒适的房子住，这是我们共同的心愿。

杨洪兴

2021年10月12日

前　言

从原始社会中仅能用来遮风避雨的洞穴、茅屋，到当今社会中兼具各种现代化功能的摩天大厦，建筑发展史与人类的发展史休戚相关。近年来，随着世界人口数量的日益攀升，住房紧缺问题日益严峻，尤其是对于人口密集、寸土寸金的大中型城市，建筑空间小型化、微型化已成为建筑领域的一个必然发展趋势。这种发展趋势引领着国内外建筑研究和设计工作者的不断探索，一些各具特色的微型建筑应运而生。

如果说"建筑学"是建筑的躯壳，"建筑环境学"则是建筑的灵魂。在"以人为本"的思想引导下，为提高人们的生活品质，人们必须要关注微型建筑的室内热环境。由于微型建筑的室内空间非常狭小，较之于普通建筑，其在室内热环境和人体热舒适方面必然具有诸多的特殊性，也必将会面临更多的挑战。

本书针对微型建筑室内热环境方面所独有的特征，对影响微型建筑室内热环境和人体热舒适的各项因素展开分析，在此基础上建立室内热环境传热模型，进而提出舒适节能型微型建筑的设计思想。本书对微型建筑热环境最新研究成果进行了全面系统的阐述，并结合该领域具有自主知识产权的各项创新技术，可为微型建筑行业的发展和实践提供翔实的理论依据和足够的技术支撑。

本书中的研究得到了国家自然科学面上项目（项目编号：51978598）、国家自然科学基金青年基金项目（项目编号：51508494）和扬州大学出版基金的支持，在此谨对国家自然科学基金委员会和扬州大学出版基金委员会表示感谢。

由于作者水平有限，且微型建筑领域发展迅速、创新成果层出不穷，因而书中的错误与不妥之处在所难免，敬请批评指正。

目 录

第1章　微型建筑及其室内热环境基本概念

1.1　微型建筑的历史演变

1.1.1　从"小"到"大"，从"大"到"小"

建筑作为一种人类文明的象征，与人类社会的发展息息相关、密不可分，是人类"衣食住行"四大需求之一。原始社会的人们从栉风沐雨进化到山洞穴居，进而学会建造茅屋、泥房，开始有了建筑的雏形。砖石建筑和木构建筑的诞生使建筑有了坚固和稳定的结构，为人们提供了更加适合居住的场所。

随着社会的不断发展进步，在奴隶社会和封建社会，人们对居住环境的追求与日俱增，建筑成为贫富差距和阶级划分的一个重要标志。对于上流社会的人群，往往会通过建造宫殿、府邸、山庄、别院等来彰显自己的地位和财富，"建高门之嵯峨兮，浮双阙乎太清"；而对于底层的人群，却只能居于寒舍陋室，体会着"苔痕上阶绿，草色入帘青"的淡泊与闲适。

"安得广厦千万间，大庇天下寒士俱欢颜"，深知人间疾苦的诗圣杜甫说出了几千年来广大百姓的心声。无论古今中外、无论贫富贵贱，没有人不会期盼自己的住宅能够更加宽敞，更加奢华，这种观念伴随着建筑的发展史，也影响着建筑师的设计理念。

然而自从第二次世界大战结束后，由于战争、疫情等因素的减少，世界人口从1950年的25亿迅速增长到2020年的75亿，土地资源紧缺导致住房问题日益凸显，虽然人类文明仍然在进步，但在整个世界范围内，对于绝大多数人群，对大面积居住空间的需求已难以保证，尤其是在很多贫困国家或是贫困地区，很多人甚至流离失所、无家可归。在我国，目前虽然已经全面脱贫进入小康社会，但人口问题却仍然严峻，根据2021年5月第七次全国人口普查结果，中国总人口已达14.43亿，近十年增长率为5.38%，其中城镇人口为9.02亿，近十年增长率为14.21%。2016年放开生育二胎政策，2021年又放开生育三胎政策，这虽然可以在一定程度上解决中国人口老龄化问题，但同时也意味着中国人口还会继续攀升，我国的土地资源人均占有率也还会继续降低。在此背景下，建筑小型化已成为当代社会进步的必然主题，也将成为建筑行业发展的必然趋势。

1.1.2　由"小"至"微"，极"小"即"微"

"微型建筑"作为一种能够有效缓解世界人口剧增条件下住房紧缺问题的建筑设计方案，

（a）比利时"蛋屋"

（b）瑞典"Curved Hus"

（c）法国"海岬小木屋"

（d）意大利6m²蜗居

图1-1　世界各国对微型建筑的探索

是指小到极致的建筑，应可在最大限度上节约建筑的占地面积，并可在极限小的空间内满足人的使用要求。在现代建筑理论的指导下，微型建筑被赋予了新的内涵，近年来，建筑师开始对现代微型建筑进行设计和研究的尝试（图1-1）。

　　比利时建筑师设计出面积只有19.97m²的"蛋屋"，在聚酯纤维和胶合板制成的外壳内，拥有厨房、浴室和卧室空间。"蛋屋"的精髓在于其内部环形墙壁的格子分隔区，密密麻麻的小空间整齐排列，用于放置日用品和杂物，其中有些格子空间较大且相通，可供人睡觉。屋内另有单独的浴室和基础的烹饪设备，屋内布局十分紧凑[1]。

　　位于瑞典西海岸远离城市的山谷之中"Curved Hus"住宅，由设计师Torsten Ottesjö设计，意图提供一个回归自然的基本生活空间，该住宅占地25m²，包括了厨房、床、餐桌、走廊和会客室等必要的居住条件，建筑为略带卷曲的蚕蛹状外形，可保证挡风、保暖和结构的稳固性，正面深檐内设有玻璃门窗，以满足自然采光，建筑结构独立，可以随时随地进行整体迁移[2]。

　　法国建筑师Le Corbusier设计并建造了海岬小木屋（Un Cabanon CapMardin），内部空间尺寸仅为3.66m×3.66m，却通过巧妙设计，划分出"入口、卧床、工作、浴厕"四个功能空间，很大程度上提高了建筑空间的利用率，可以说是对微型建筑的一个积极尝试[3]。

　　意大利著名建筑师Renzo Piano设计出欧洲第一高楼后，将目光转向微型建筑，推出了面积仅6m²的蜗居，含一室、一厨、一卫，可利用太阳能和雨水解决水电供应。建筑主体为木结构，外覆一层铝板，起居室左侧是折叠桌和椅子，右侧是一张长沙发床，一面墙壁上的窗户和一侧屋顶的天窗，以保证室内的采光，起居室后是厨卫空间，卫生间里装置淋浴设备和嵌入式马桶，并将厨房屋顶作为专门的储物空间[4]。

　　英国建筑师Mike Page建造了一栋立体住宅，可供两口人居住。房屋高约3m，宽约4m。内部分为三层，包含厨房、螺旋楼梯、客厅与浴室等，建造仅用4小时[5]。

　　英国建筑和设计领域的作家和记者Ruth Slavid将微建筑分为公共领域、社区空间、移动式建筑、精简生活、增建空间五大类型，认为微建筑就是十分迷你的建物，可能提供单一用途，也可能在出奇狭隘的空间中执行复杂的功能[6]。

　　在一些高人口密度的国家或地区，小空间建筑的设计应用已成为普遍现象，例如日本的胶囊公寓（Capsule Apartment）经过三十多年的发展，技术已经相对成熟，以高度节省空间及运营成本、低碳、环保等先进模式被社会广泛接受（图1-2）[7]。在人口十分密集的中国香港，"公屋"以"集约化设计"为理念，采用模块为基础的扩展设计和灵活适用性的设计原则，对我国保障性住房建设起到了一定的促进作用[8]。

　　对于一些具有刚性需求的微型建筑，往往是批量化大规模进行生产建造，难以体现出建筑的特色。然而对于一些并非刚性需求的微型建筑，设计师通常从整体角度进行建筑设计，更像是一件艺术品，创造出远超过其规模所能表现的意趣与风格。不起眼的公厕与候车亭、森林里的小屋，甚至是荒漠里的驿站，处处都能看到令人拍案叫好的绝妙创意。它们不仅具有满足各种实际需求的功能效用，而且可以在建筑中寄予鲜明的个人风格和理念，不需要建筑的气势恢宏，而以轻巧、短暂与实用等特性来取代，散发着强烈的个性色彩，为人与自

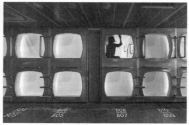

图1-2　日本胶囊公寓

然、人与社会之间的交融互通提供了一个宝贵的场所。

"可移动性"是微型建筑一个独特的特性，与人类天性中喜好旅游和漂泊的理想一拍即合，它们像人们延长的腿，以及无限拓展的视线，延伸了人类的想象力，而且还创造了另一种隐遁、出世的生活方式，人们不再在永久居所苟活终老，反而选择微型的、便携式的建筑物充分获得从身体到精神的自由。另外，微型建筑也可充分利用一些廉价甚至废弃的材料，有利于生态环境的保护，设计精巧别致的微型建筑或可与自然风光相结合，共同构筑出一道美丽的风景线。

1.2　常见的微型建筑空间及其室内环境特征

微型建筑的形式多种多样，五花八门，不同类型的微型建筑虽都同样具有空间狭小的特点，但却执行着各自不同的功能，且存在着各自不同的特色。微型建筑既包括数千年前就已存在的古老的建筑形式，也包括近些年来刚刚出现的崭新的建筑形式；既包括日常生活中常见的民用建筑形式，也包括工厂企业中建造的工业建筑形式；既包括为人们提供基本生活需要的建筑形式，也包括供人们欣赏或游玩的建筑形式。

微型建筑在广义上的定义，不仅包括专门设计出的微型建筑，还包括各种具有微型空间的建筑。这些微型空间可能是独立建筑的内部空间，也可能是普通建筑内的某些小房间中的空间。本节对一些在现代社会中常见的微型建筑空间进行介绍。

（1）微型住宅：上一节中所述的几种微型建筑形式，均属于住宅的范畴。对于微型住宅，由于人在其中长期居住，必须在防寒、保暖、通风、除尘、采光、降噪等方面进行合理设计，并在建筑结构和家具设计上尽量考虑到人体的活动空间范围，减少障碍，防止磕碰，从各个方面提高人的居住舒适性。

（2）烹饪间：一般的家庭中都设有烹饪间，也称厨房，面积在 $2 \sim 8m^2$ 之间。一些饭店、酒店、医院等公用建筑内部也设有烹饪间，但大多面积较大，不属于微型建筑空间；但有些公用建筑的烹饪间还分成若干小隔间，例如配菜间、加工间、冷厨间、热厨间、备餐间等，有些小隔间也属于微型建筑空间。烹饪间中一般包含灶具、案台、橱柜、洗菜池、食物存放设备等。烹饪间一般要求具有足够的照明功率，以便于厨师的工作；大多设有排水沟，以使污水能及时排出；往往设有集气罩、排气扇等，以使油烟、水蒸气等能及时排出。烹饪间一般需要室内为负压状态，以避免含有油烟的污浊空气扩散到相邻的房间。由于烹饪间里存在有大量热源，所以室内人员的热不舒适感觉普遍偏高，需要降温和通风，在一些公用建筑的烹饪间中，往往会设置有中央空调或分体空调。

（3）卫生间：一般的家庭中都设有卫生间，卫生间大多用来如厕或洗浴，面积在

3～10m²之间，如果仅有洗浴功能，一般则称之为盥洗室。各种公用建筑中也都设有卫生间，有的卫生间为多人使用，面积较大，不属于微型建筑空间。卫生间中一般包含便溺设施、洗手池、淋浴器、浴缸等。卫生间内易产生污浊气体或水蒸气，所以通风非常重要，大多设有排气扇，也有一些公用建筑的卫生间采用集中排风系统。由于在洗浴的时候人处在不穿衣服的状态，所以围护结构的保温设计也很重要，而且房间内大多设有热源。卫生间一般设有地漏，地漏应低于地面10mm左右，以保证排水顺畅。卫生间门的下方要加1cm的护栏，以防积水流入其他房间。卫生间的设计需要注意个人隐私的保护，例如窗户采用磨砂玻璃、遮光窗帘等措施。卫生间的地面容易积水，所以还需要做好防滑设计。对于空间不是特别狭小的卫生间，可利用浴帘、玻璃隔断、挡水条等实现干湿分离。

（4）岗亭：原指岗哨工作的亭子，随着社会发展，岗亭的应用越来越广泛，可包括治安亭、保安亭、警卫亭、值班亭、售货亭、售票亭、吸烟亭、高速公路收费亭等，具有各种不同的功能（图1-3）。岗亭的材质多采用不锈钢、铝合金、塑钢、玻璃钢等，岗亭中一般会

（a）治安亭

（b）售货亭

（c）吸烟亭

（d）高速公路收费亭

图1-3　各种类型的岗亭

配有一些简易设施，如灯具、桌椅、矮柜、排气扇等。岗亭一般设置于室外环境中，室内热湿环境很容易受到室外气象条件的影响，而且大多材质的保温性能都不好，所以在一些需要人员长期停留的岗亭中，需要设置空调或采暖设备。

（5）更衣间：更衣间泛指各种换衣、换鞋的场所，例如体育比赛场馆、工业洁净室、手术室等的换衣间、商场的试衣间、步入式衣柜等，其中一些更衣间属于仅供一至两人使用的微型建筑空间。这类建筑空间往往需要较好的照明条件，以使人员妥善着装，在一些需要更换内衣的更衣间，设计时应该考虑保暖和保护隐私。对于一些具有洁净要求的更衣间，则需要采取空气净化措施。

（6）控制室：控制室一般是指厂矿企业中技术人员用来控制设备运行的小房间。这类小房间中往往存在较多的电器或电子设备，一定要做好安全措施以防止漏电，例如将安全等级较差的设备进行隔离等。电器或电子设备产生的热量可能会导致房间中偏热，如果采用中央空调处理系统，房间顶部不能设置风机盘管以防止滴水，且送、回风管道穿墙处应设防火阀。一些控制室需要设计有火灾报警器、消防设备、应急照明、事故通风设备等。

（7）电梯间：电梯间属于一种可移动式微型建筑空间，包括住宅电梯、医用电梯、货用电梯、观光电梯、矿井电梯、船舶电梯等各种类型，面积大多在 $1.5 \sim 3m^2$ 之间，也有一些面积很大的非载人电梯，如载车电梯、载船电梯等。电梯间的系统包括电梯机房、电梯井、底坑、层站和轿厢。其中轿厢空间内部净高度一般不小于2m，由于人员在轿厢中停留时间较短，所以一般不设冷热源，但大多设有通风孔。除轿厢门和通风孔之外，整个轿厢体为严格密封的空间。轿厢围护结构需要采用难燃材料，轿厢体载重性能具有严格要求。

（8）房车和床车

①房车：房车作为一种交通工具，同时也可提供住宿的功能，可认为是一种可移动式微型建筑空间（图1-4）。目前有很多旅游景点设置有房车营地，将房车专门用作游客的住

（a）房车外形　　　　　　　　　　　　（b）房车内部空间结构

图1-4　房车

宿，以满足人的猎奇心理。房车内部一般都设有座椅、桌子、柜子、饮水设备、烹饪设备等设施，有的大型房车中还设有电视、冰箱、洗衣机等家用电器。房车内部结构的设计一般要力求最大限度节省空间，家具可采用折叠、伸缩等方法。由于人要长期居住，房车外壳在保温、防潮、隔音等方面的要求比一般汽车更高。根据使用者需求，房车中可装设有供水系统、废水系统、供电系统、瓦斯供应系统、空压式暖气系统和预存式热水器。

②床车：近年来，我国对出行车辆所需要的配套设施建设已日趋完善，很多人只需要夜晚在车里睡觉，白天的生活功能都可在公路附近的服务区等处解决，而且房车里的设施也毕竟比较简陋，所以人们对房车在很多功能方面的需求已不再像过去那么强烈。在此背景下，床车应运而生，并展现出越来越多的市场推广前景（图1-5）。床车与房车相比，只是单纯追求睡眠的舒适，而放弃了其他方面的功能性设计，因此内部结构非常简单，汽车体积小、造价低、油耗小、驾驶灵活方便，而且避免了由于车型过大而造成驾驶执照不通用的情况。

图1-5　床车

（9）太空舱：太空舱是航天飞船进入轨道后航天员居住的场所（图1-6），航天员必须在太空舱中进行吃饭、睡觉、盥洗、便溺等各种行为，同时还要完成相关的工作。狭小的太空舱内备有食物、饮水和大小便收集装置，还设有科学试验用的仪器设备。太空舱内的温度一般要保持在17℃～25℃之间，以使航天员能具有舒适的工作和生活环境。由于太空舱内外的温度差极大，所以就需要舱体的外壳具有极其强大的保温性能，目前在太空舱中使用较多的保温材料包括碳纤维强化复合材料、氧化硅型刚性陶瓷防热瓦、环氧酚醛树脂玻璃纤维等。太空舱中设有环境控制和生命保障系统，以确保舱内充满一个大气压力的氮氧混合气体，并将舱内气体温度和湿度调节到人体合适的范围。

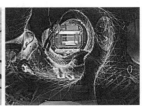

（a）太空舱外形　　　　　　（b）太空舱内部结构　　　　　（c）太空舱柔性空间设计

图1-6　太空舱

（a）迷你KTV包厢　　　　　（b）自拍室　　　　　　　（c）鬼屋

（d）逃生密室　　　　　　（e）沉浸式推理馆

图1-7　娱乐性微型空间

（10）娱乐性微型空间：近年来，随着人们生活水平的提高，消费观念发生改变，衍生出很多需要在微型建筑空间内进行的新型娱乐方式，有些微型建筑空间可用于拍照或唱歌，也有些微型空间之中还可进行沉浸体验式的游戏（图1-7）。

①迷你KTV包厢：这种微型空间为人们提供了一个更为自由、更为灵活的唱歌场所，有些人去KTV单纯就是为了唱歌，而不是出于社交目的，此时就不必前去专门的娱乐场所，而可选择这种更不易受到外界干扰的微型空间。迷你KTV包厢更适合于单人、情侣或三口之家，大多设置于商场、广场、公园或其他人流密集的地区。这种KTV包厢在设计上需要着重考虑围护结构的混响和隔音效果，而且需要足够的照明亮度和良好的通风设施。

②自拍室：在这种微型空间中，人们可以在狭小的封闭空间内进行摄影或拍照，最早只能拍摄大头贴，后来发展到可以拍摄全身贴，还可提供各种服装道具，自由设定拍摄背景，并可在拍摄后进行回放。自拍室在设计上需要着重考虑光线、色调、色彩等因素，也需要采取一定的通风措施。

③鬼屋：鬼屋已成为现今游乐场的标配之一，采用模型道具、声光效果、真人演员等方式，在狭小的空间中着力营造出恐怖的气氛，以满足游客寻求感官刺激的需要。对于这种微型建筑空间的设计，安全性是尤为重要的，需要保障游客在被惊吓之后的心理健康和生理健康，也需要保障工作人员被受惊游客攻击而受伤的可能性，例如可对墙壁、地面、设施等采用柔性设计方法，降低因人员跌倒、碰撞而发生事故的可能性。

④逃生密室：在这种微型空间中，人们需要利用各种知识技巧和逻辑思维能力去破解一道道的谜题，最终打开屋门逃脱而出。这些谜题可能会涉及声音控制、机械传动、电磁或光学感应等，需要相应的声光电系统，对于不同的密室主题，都需要进行不同的方案设计。由于人员在这种微型空间中的停留时间较长，一般在0.5~3小时之间，所以必须设计有保温、通风等措施，以保障室内的热湿环境。

⑤沉浸式推理馆：沉浸式推理馆是一种最新的娱乐方式，首创于2018年，2020年开始在中国百余所城市中普及。这种游戏需要预先设定一个推理故事剧本，人们扮演故事中不同的角色，可能还会换上相应角色的服装，与工作人员扮演的非玩家角色（NPC）进行互动，在事先布置好的故事场景中寻找线索，然后一起研究对策，最终完成剧本。这种微型空间需要布置成各种剧本的场景，使人具有身临其境的感觉，方案设计也是随剧本主题不同而不同。对于一些恐怖主题的剧本，空间设计上一定要力求保障人员的安全。大多情况下，推理馆内的人员停留时间比逃脱密室更长，最复杂的剧本有时甚至会超过10小时，所以保温、通风等措施更要非常健全。

1.3　微型建筑的发展方向

微型建筑领域的发展，首先必须正视空间狭小所带来的不利因素，对其进行克服，在此基础上致力于寻求微型建筑所具有的长处和优点，并进行系统性研究。

（1）微型建筑应有利于在极小面积的前提条件下，获得舒适的室内环境

建筑室内的冷热程度、干湿程度、空气流通程度、空气质量、采光、噪声等因素都与人体的舒适感觉密切相关，对于微型建筑，这些因素对人体舒适感的影响作用与普通建筑并不相同，只有对此问题进行深入研究，才能够在微型建筑空间中获得舒适的室内环境。

（2）微型建筑应有利于在极小面积的前提条件下，使人获得良好的生理感觉和心理感受

建筑室内的空间布局、色彩、机理等因素与人体的行为和情绪有着密切的联系，对人的心理和生理都会产生不同程度的影响，例如设计不良的微型建筑空间设计往往会给人带来压抑和孤独感，而设计良好的微型建筑空间则反而会给人带来温馨和安全感。对这方面进行研究，可有效改善微型建筑室内的人体舒适性。

（3）微型建筑应有利于在极小面积的前提条件下，获得较为舒适和个性化的室内空间

空间的形态与结构可以极大地影响人的行为表现，人们总会在建筑中表现自我，并积极探索让空间满足个人需要的方式。以往的微型建筑空间大多将设计重点集中在建筑平面上，往往仅从二维平面上挤压空间，忽视了微型空间贴近人体以及人体行为轨迹具有曲线和曲面性的特点，从而造成了微型空间实用性比较差的问题。若能从三维空间的角度，以人体日常行为与生活习惯为基础，采用符合人体生理特点的富有个性的非线性空间，则可使人体与建筑空间更加亲和，并使其生活行为顺畅无障碍。

（4）微型建筑应有利于节材、节能、节地，使人们以较小的代价就能获得具有个性特点的私人建筑空间

微型建筑单元的体积和占地面积都非常小，所以有利于节材和节地，而由于其外表面积也比较小，所以在一定程度上也有利于节能。将节约理念贯穿于对微型建筑的研究与设计工作，有助于解决高密度城市的建筑空间和能源的短缺等问题。

（5）微型建筑应有利于适应高流动性的城市生活

微型建筑突破了以往传统建筑的生成模式，有利于建筑的更新换代，可有效避免由于设备更新缓慢，功能陈旧所形成的生活环境恶化。同时由于建筑单元与主体分离且安装灵活，使用者在更新建筑空间或乔迁时，无须承担结构的费用，建筑单元在结构上的停留类似于停车的泊位，因此更适应流动性强的城市生活。

（6）微型建筑应有利于简化使用周期后回收的程序及提高回收效率

微型建筑空间形体较小、空间独立，且可与建筑结构系统形成对接联系，因而可以避免结构与设备系统因为建筑的更新而面临不必要的拆除，有效地减少环境污染的压力。微型建筑空间单元还可以借鉴报废汽车的资源回收系统，使建筑在全生命周期之后能够达到良好的回收效率，进一步减少对环境的污染。

1.4 微型建筑的非线性化设计

一幢好的建筑固然需要坚固耐用、美观悦目，具有艺术价值，但我们更需要关注的，则应该是建筑的使用主体——人。微型建筑在空间尺度上的受限性，使其在建筑设计理念上应该更加人性化。

非线性建筑设计是一种极端状态下的建筑设计模式，在这种紧缩空间的模式中，室内空间形态与环境质量对使用主体的影响都非常大。美国堪萨斯大学建筑系教授Bezaleel S. Benjamin对太空中紧缩空间的形式与使用方式做了深度的分析与研究，提出人的行为空间为梨形，可为微型建筑空间中的人体受限性运动提供参考（图1-8）[9]。

从行为科学视角分析，人体行为受到生理因素、心理因素、文化因素、社会环境因素综合作用的驱动，对人体行为的基本内容（学习、工作、就餐、睡眠、盥洗、锻炼、清洁等）及其驱动属性以及相对应的基本运动方式（站、坐、蹲、卧、行走等）加以研究，在实验的基础上收集相应的三维空间形体数据，进行三维非线性人体行为立体空间的生成，可对基于生活基本运动方式的三维非线性柔性空间形态进行建模和设计。

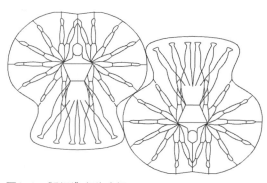

图1-8 "梨形"行为空间

作者所在科研团队采取非线性设计方法，应用SketchUp和Rhinoceros软件，对微型建筑进行建模，并制作出100个微缩模型（图1-9）。在此基础上结合人体工程学理论，并以1∶1的比例搭建了非线性微型建筑实体。其中建筑实体一如图1-10所示，建筑采用泡沫塑料结构，建筑层高2.3m，开间2.2m，进深2.0m，建筑室内面积为4.4m²，并安装了热导率为0.035W/m·K、厚度为2cm的聚乙烯发泡棉板墙体保温材料。建筑实体二如图1-11所示，建筑采用木龙骨结构，建筑尺寸布局和实体一完全相同，并安装了热导率为0.024 W/m·K、厚度为5cm的聚乙烯发泡棉板墙体保温材料。建筑实体三如图1-12所示，建筑采用木龙骨结构，建筑层高2.3m，开间3.0m，进深2.0m，建筑室内面积为6.0m²，并安装了热导率为0.027W/m·K、厚度为5cm的聚氨酯挤塑保温板墙体保温材料。建筑实体三在设计前专门进行了空间行为

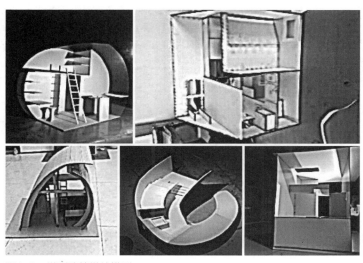

图1-9 微型建筑微缩模型

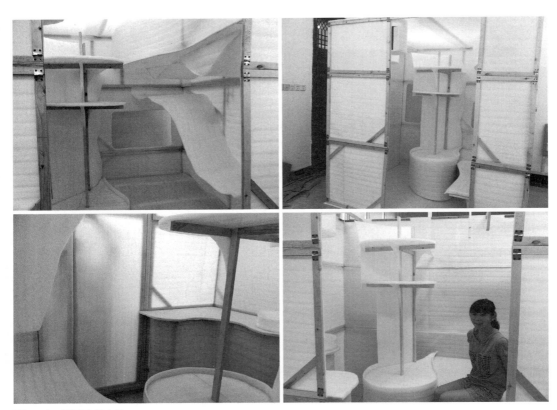

图1-10 微型建筑实体一

图1-11 微型建筑实体二

和空间知觉测试，根据测试结果对前两个方案进行了较大改进，软件建立的数字模型见图1-13。三个实体建筑室内均布置床、吊柜、灶台、橱柜、置物架、马桶等家具，并根据需要设置电灯、电脑、散热器等热源。

图1-12　微型建筑实体三

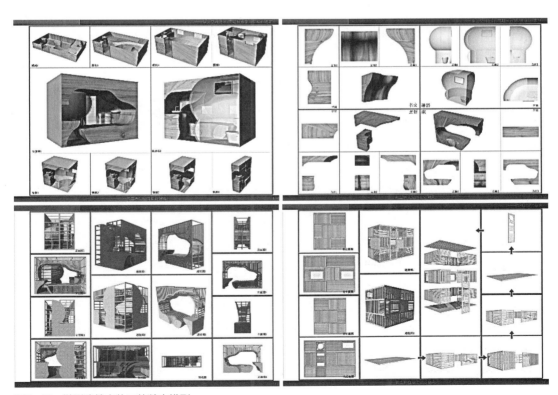

图1-13　微型建筑实体三的数字模型

1.5 微型建筑室内热环境基本概念

1.5.1 建筑室内热环境

如果说"建筑学"是建筑的躯壳，"建筑环境学"则是建筑的灵魂。建筑室内环境与人的健康、舒适乃至生活品质、工作效率等密切相关，是建筑设计和建造的最终目标。在"以人为本"思想引导下，"建筑环境学"已成为建筑领域最重要的研究方向。

建筑室内环境主要包括热环境、声环境、光环境、电磁环境、空气品质环境等。在这些环境因素中，热环境反映出人的冷热程度，较之其他环境因素，人对热环境最为敏感，依赖性最强，太冷或太热的环境都将使人难以在室内停留，所以热环境可以说是各种室内环境因素中的首要因素，而良好的热环境也是建筑使用主体最基本的保障。

建筑室内热环境不仅包括空气温度、空气湿度、空气流速以及周围的表面辐射温度等客观参数，同时也涵盖人的主观热感觉和舒适性相关参数，例如人体热感觉投票TSV（Thermal Sensation Vote）和人体热舒适投票TCV（Thermal Comfort Vote）。客观参数可用各种仪器来测量，主观参数则可通过问卷调查和访谈等方式来获取，只有两者兼顾，才能对建筑室内热环境进行综合的评判。

1.5.2 微型建筑室内热环境及人体热感觉基本参数

对于微型建筑，仍可采用上述参数来对室内热环境进行衡量，但由于微型建筑的特殊性，这些参数对室内热环境和人体热感觉的影响却有着诸多不同之处。

1.5.2.1 空气温度

室内空气温度直接反映出人的冷热感知程度，是建筑室内热环境的最重要影响因素，室内空气温度的变化会改变人体与环境之间的换热量，并对人的体温调节系统产生作用，过高或过低的温度有可能会导致体温平衡机制的调节障碍，从而对人体的生理和心理造成不利影响。

对于微型建筑，体形系数通常比较大，室内空气温度受外界环境的影响更大，温度波动也更加明显，当房间无冷热源时，可能会给人带来更多不适；但当房间中存在冷热源的时候，由于建筑容积小，因强制对流或自然对流作用所形成的冷热气流更易抵达人体附近，并对人体的热感觉产生更加明显的影响，从而有可能提高人的热舒适感。另外，人体本身也是一种热源，根据人的个体特征和活动强度，这种热源的功率大约在数十到数百瓦之间，在较大的建筑空间内，人体热源所产生的热量会迅速扩散，对人自身的影响非常微弱，但在微型建筑空间内，由于人体与周围物体非常贴近，人体热源通过热对流传递给周围空气和通过热辐射传递给附近围护结构和家具表面的热量，在很大程度上又会通过对流和辐射的双重作用反作用于人体表面，产生热积聚效应，对人的影响作用被放大，使人的热感觉增强。在炎热的夏季，这种热积聚效应会对人的热舒适造成不利影响；而在寒冷的冬季，这种效应则会在一定程度上改善人的热舒适性。

1.5.2.2　空气湿度

室内空气湿度对室内热环境和人体热感觉的影响并没有空气温度那么强烈，但当空气温度较为稳定的时候，空气湿度对人体的影响将起到重要作用。例如在高空气温度条件下，空气湿度高会妨碍汗液蒸发，导致人的散热减弱，使人感觉更热；而在低空气温度条件下，空气湿度高会使人体向空气中水蒸气的辐射放热增强，同时服装吸水增加热导率，从而使人感觉更冷。

对于微型建筑，当室内无加湿或除湿设备时，门窗等可与外界发生湿交换的围护结构将在很大程度上左右室内的湿环境，而当室内存在水蒸气发生器或干燥设备时，由于建筑空间的狭小，这种加湿或减湿作用也将会被放大，使人体的干湿感觉更加明显。尤其是当门窗处于关闭状态时，人体的散湿量在狭小的空间内难以扩散，还会较大程度地反作用于人体，对人体的湿感觉造成影响。此外，调节房间温度的过程也会伴随着空气相对湿度的改变，所以，微型建筑内空气温度的特征分析同样也会与微型建筑室内的空气湿度特征产生关联。

1.5.2.3　空气流速

室内空气流速对室内热环境和人体热感觉的影响，一方面是因为空气流速影响着空气与人体之间发生热交换的对流表面传热系数，从而使对流换热量发生改变。当空气温度低于人体温度时，人体的散热量会随着空气流速的增大而增大，这种散热量的变化在气温尚未超过体温的炎热天气时是令人舒适的，但在寒冷天气时却是令人不适的。但当空气温度高于人体温度时，随着空气流速的增大，人体的得热量反而会增大，对于这种本来就已是极端高温的天气，较大的空气流速无疑起到了火上浇油的作用。另一方面，空气流速还会影响人体的出汗和水分蒸发散热作用，空气流速大时，汗液容易蒸发，在人体生理调节作用下，出汗反而会减少，这一点在炎热天气下是有利的；空气流速小时，汗液不易蒸发，出汗速度会增大，在炎热天气下是不利的。

对于微型建筑，由于室内空间狭窄，围护结构或家具会对气流产生更强的阻碍作用，使空气更难以在室内顺畅流动，室内的空气流速会更加不均匀，在某些局部地区甚至会产生涡流区或停滞区。这种气流不规律的情况必然会对人体热感觉产生影响，在炎热的夏季，尤其要加强建筑的通风；而在寒冷的冬季，在保证足够换气次数的同时，还要注重房间的保温效果，并适当减少房间内人体停留区域的风速。

1.5.2.4 表面辐射温度

周围环境的热辐射作用也会对人体的热感觉产生重要影响，这种辐射作用一般是来自于围护结构、家具或其他人体表面。当表面温度高于人体温度时，表面发射出辐射热量，这种热量绝大部分会穿透室内空气，投射到人体表面上；而当表面温度低于人体温度时，人体表面的热量则会通过辐射方式传递给周围的表面。人体表面的得热或失热会沿着皮肤向皮下组织和血液进行传递，使人的热感觉发生改变。为了对表面辐射温度进行计算，我们一般采用"平均辐射温度"这个概念，这个温度是指一个假想的等温围合面的表面温度，而这个假想等温围合面与人体间的辐射换热量应等于人体周围实际的非等温围合面与人体间的辐射换热量[10]。

对于微型建筑，由于围护结构、家具或其他人体这些表面和人体的距离都非常贴近，大多数表面与人体表面之间的辐射角系数会更大，从而使更多的辐射能会投射到人体表面，导致人体所受到的表面辐射的影响效应更加显著。辐射换热在微型建筑人体热舒适方面所起到的作用尤为重要，需要专门建立微型建筑的辐射传热模型，来对此问题进行详细分析。

1.5.2.5 人体热感觉投票TSV和人体热舒适投票TCV

人体的热感觉与外界冷热刺激有关，还受到人体自身热状态的影响，并不能用任何直接的方法来测量，是一种主观性的描述，人所感受到的实际上是自己皮肤下神经末梢的温度，而此温度则受着环境温度的明显影响。对于这种主观描述，需要选择一些受试者，并设置一些投票选择方式，让受试者正确表达出自己的热感觉。TSV的标尺一般采用ASHRAE的七级分度，如表1-1所示。

热感觉投票标尺TSV   表1-1

热	暖	稍暖	正常	稍凉	凉	冷
+3	+2	+1	0	−1	−2	−3

热舒适是指人体对热环境表示满意的意识状态，来自于生理和心理两个方面，过冷或过热的热感觉都会引起热不舒适，而且有时热舒适和热感觉会发生一定的偏离，例如体温高时用凉水洗澡，虽然热感觉偏凉，但热舒适性却很好。热舒适同样是一个主观描述，需要使用投票方式以量化。TCV的标尺一般采用五级分度，如表1-2所示。

热舒适投票标尺TCV   表1-2

舒适	稍不舒适	不舒适	很不舒适	不可忍受
0	1	2	3	4

　　微型建筑中客观参数的特殊性将导致微型建筑中的TSV和TCV与普通建筑有所不同，而心理因素也会对TSV和TCV产生影响，例如温馨的微型居室往往会给人带来温暖的感觉，而压抑的微型空间也可能使人感觉到阴冷。对于TSV和TCV这两个主观因素，还受着人的性别、年龄、体质、性格等个体因素的影响，在微型建筑中，个体差异的影响作用将会被放大。例如在同样的微小空间内，某些男性会觉得偏热，而某些女性则会觉得偏冷；某些体质健壮的人会觉得偏热，而某些体质虚弱的人则会觉得偏冷；某些长期居住于寒带或亚寒带的北欧人会觉得偏热，而某些长期居住于热带或亚热带的非洲人则会觉得偏冷。所以，如果需要更加人性化地对人体热感觉和热舒适进行调查，在设计问卷调查过程的时候就需要区分人群，数据统计和处理过程也需要尽量详细，尽量考虑到不同人群的不同感受。

参考文献

［1］比利时建筑师设计蛋型住宅，20平方米设备齐全［EB/OL］.［2013-10-30］. 光明网.

［2］Curved Hus住宅：流水型的移动豪宅［EB/OL］.［2012-10-24］. 中奢网.

［3］顾荣明. 极小生活?——柯布晚年住所分析［J］. 江苏建筑，2008（06）：7-8.

［4］意建筑师设计6平方米蜗居房，含一室一厨一卫［N］. 北京晨报，2013-7-31（A25）.

［5］建筑师四小时建立体房屋，卧室客厅一个不少［EB/OL］. 2013-12-19. 中新网.

［6］Ruth Slavid. 微建筑［M］. 吕玉婵，译. 北京：金城出版社，2011.

［7］胶囊旅馆——一剂解决住房的良药?［N］. 中国经济时报，2013-12-16（A11）.

［8］代晓利. 香港公屋设计经验对我国保障性住房规划建设的启示［J］. 规划师，2012，8（S1）：71-74.

［9］Bezaleel S. Benjamin. Space Structures for Low-stress Environments［J］. International Journal of Space Structures，2005：127-133.

［10］朱颖心. 建筑环境学（第三版）［M］. 北京：中国建筑工业出版社，2010.

第2章 微型建筑室内热环境和人体热舒适分析

2.1 各类微型建筑的室内热环境特征

微型建筑的型式多种多样，对于不同类型的微型建筑，室内热环境的特征各不相同，若要改善其室内热环境和人体热舒适，需要考虑不同微型建筑不同的使用要求，针对具体情况予以分析研究。

从是否产生人工能耗的角度，微型建筑可分为主动式微型建筑和被动式微型建筑。主动式微型建筑一般能够较好地保证室内热环境和人体热舒适，但需要采取空调、供暖等措施，设备投资大，且具有一定的能耗；被动式微型建筑又称自由运行微型建筑，一般利用太阳能、风能、地热能等天然能源对室内热环境进行调节，可以做到零能耗，具有良好的节能效果，但热环境调节效果大多不如主动式建筑，很多情况下难以达到人体热舒适的各项要求。

对于微型建筑，一些具有大规模、集成化的建筑空间，大多属于主动式微型建筑，例如在日本普及度非常高的胶囊公寓，大多已经安装了中央空调系统，在一些以沙漠驿站、森林树屋、草原蒙古包、高山泡泡屋等为特色住宿主题的旅游景区或度假村，也一般在房屋中设置了空调系统（图2-1）。另外还有一些微型建筑空间本身就位于已安装有中央空调或集中供暖的大型建筑之内，例如大商场内的试衣间、更衣室、可移动KTV包厢、电梯间、卫生间、厨房等，大多情况下均可利用大型建筑自身的热量或冷量，大多情况下无需专门设置供暖或供冷设备。

但是，一些用于贫困地区或是供临时人员居住的微型建筑，例如难民营、工地上的集装箱房等，室内设施极为简陋，大多都并未安装供热或供冷设施，属于被动式微型建筑（图2-2）。还有一些建筑利用当地的地理条件或充足的天然能源，也可实现被动式设计。例如陕北地区的一些窑居建筑，充分地利用了黄土优良的蓄热性能，可以使室内冬暖夏凉；爱斯基摩人在极地气候环境中建造出覆盖了动物皮毛的冰屋，也可遮挡严寒和大风；而欧洲冰岛的建筑则普遍利用本国极其丰富的地热资源，使被动式设计方法在这种高纬度地区也成了一种可能。

对于主动式微型建筑，应该在室内热环境和人体热舒适得到保障的前提下尽量做到节约能源，例如可以通过对围护结构的设计提高建筑的保温和通风性能，也可以采用优化冷热源运行时间段、精确调节室内温湿度等控制策略。而对于被动式微型建筑，提高室内热环境和

（a）沙漠驿站　　　　　　　　　　　（b）树屋

（c）蒙古包　　　　　　　　　　　（d）泡泡屋

图2-1　旅游景区的微型建筑

（a）难民营　　　　　　　　　　　（b）集装箱房

（c）窑居建筑　　　　　　　　　　　（d）冰屋

图2-2　各种被动式微型建筑

满足人体热舒适则是设计的首要目标，需要采取各种设计手段，最大限度地将天然能源充分利用。尤其是对于一些室内热环境和人体热舒适未能达到要求的微型建筑，还需要进行一定的技术改造，在兼顾到追加成本值的前提下尽量改善微型建筑的居住条件。

从地理位置的角度，不同地区的微型建筑，设计方法也各不相同。例如对于热带、亚热带地区的微型建筑，隔热和通风是保障人居环境的首要方针；而对于寒带、亚寒带地区，保暖则是最关键的设计目标。在邻近江河湖海的地区，如何根据主导风向对建筑方位和朝向进行设计，利用含有大量水蒸气的风进行室内温湿度调节，是建筑设计的重要举措；在高原、山地、沙漠和其他一些风沙较大的地区，建筑的避风设计则是必须要重视的问题。

从使用功能性的角度，有些微型建筑对室内热环境和人体热舒适的要求非常高，比如一些旅游景区的高档特色民宿，虽属于微型建筑，但却是以四星级甚至五星级酒店的标准来设计的，不仅建筑围护结构的保温通风设计要非常完善，而且还有很高的室内热环境控制要求，以满足不同人群的需要。例如目前有些高档特色民宿的房间，冬季不仅要进行供暖，还需要进行供冷，以满足一些来自俄罗斯、加拿大或北欧国家的体质健壮的国外游客在中国的冬季仍然感觉偏热的情况。另外，对于一些具有特殊功能的微型建筑空间，对于室内热环境和人体热舒适的要求可能会与普通的微型建筑有所不同，例如对于试衣间、更衣室、整体浴室、桑拿房等微型建筑空间，由于人处在衣衫单薄甚至不穿衣服的状态，所以更应加强建筑的保暖措施；又例如烹饪间、设备间、电梯间等微型空间，由于室内存在热源或人体散热量较大等因素，导致人的感觉偏闷热，此时则应设法降低房间温度并加强房间的通风。

2.2 微型建筑与人体热舒适

2.2.1 人体热舒适方程

人作为建筑的主体，满足人的热舒适性是建筑环境学科的核心研究内容和目标。人体的热舒适程度与人体的热量得失密切相关，维持体温恒定是人体热舒适的前提条件，而在体温恒定，即人体蓄热率为零的情况下，人体的产热和散热需要维持一个相对平衡的状态，即满足人体热舒适方程[1]：

$$M - W - R - C - E = 0 \tag{2-1}$$

式中　M——人体能量代谢率，W/m^2；

　　　W——人所完成的机械功，W/m^2；

　　　R——人体与环境之间的辐射换热，W/m^2；

　　　C——人体与环境之间的对流换热，W/m^2；

　　　E——人体与环境之间的蒸发换热，W/m^2。

2.2.2　人体与环境之间的辐射热交换

人体与环境之间的辐射热交换发生在人体和人体周围的固体壁面之间，当两者存在温差，就会发生辐射热交换。大多情况下，人体表面温度高于周围的固体壁面温度，此时人体会发生辐射散热；而在少数情况下，局部壁面温度也可能高于人体温度，例如散热器、辐射采暖地板、设备、灯具等的表面等，此时人体则会发生辐射吸热。

式（2-1）中辐射热交换项 R，通常情况下使用下式来计算：

$$R = A_{eff}\varepsilon\sigma(T_{cl}^4 - T_{mrt}^4)/A_D \tag{2-2}$$

式中　A_{eff}——着装人体的有效辐射面积，m^2；

　　　A_D——人体外表面积，m^2；

　　　ε——人体表面的平均发射率；

　　　σ——斯蒂芬—玻尔兹曼常数，$5.67 \times 10^{-8}W/（m^2 \cdot K^4）$；

　　　T_{cl}——着装人体外表面平均温度，K；

　　　T_{mrt}——建筑环境的平均辐射温度，K。

由于人体外形非常复杂，人体辐射换热很难计算。而且由于人体并非是完全的凸面体，在实际姿态下某些表面会彼此遮盖，使人体表面之间也会发生相互辐射。有效辐射面积 A_{eff} 即是用来反映这种情况，定义如下式：

$$A_{eff} = f_{eff}f_{cl}A_D \tag{2-3}$$

式中　f_{eff}——有效辐射面积系数，%，坐姿取 0.696，站姿取 0.725；

　　　f_{cl}——服装面积系数，即着装人体的表面积与裸体人体表面积之比，%。

其中服装面积系数 f_{cl} 的大小与人体服装种类和组合形式有关，一般会随着服装热阻的增大而增大，例如服装热阻为 0.5~0.8clo 时，f_{cl} 一般取 1.1；服装热阻为 0.9~1.5clo 时，f_{cl} 一般取 1.15。

对于人体表面积的计算，目前国际上最常用的是杜波依斯（Du Bois）公式[2]：

$$A_D = 0.202W^{0.425}H^{0.725} \tag{2-4}$$

式中　W——人的体重，kg；

　　　H——人的身高，m。

但是值得注意的是，在辐射传热计算理论中，对于式（2-2）的应用有一个前提，就是假定人体表面积远小于周围表面的总表面积。在微型建筑中，由于围护结构的内表面积较小，这个假定将不能满足。人体所接受的逆向辐射传热将导致 T_{cl} 发生改变，T_{cl} 与 T_{mrt} 之间形成耦合关系，而 T_{cl} 的重新确定必须依赖于人体与建筑内部的各个表面所形成的辐射网络。所以，确定包括人体表面在内的每两个表面之间的角系数，并对该辐射网络进行分析和计算，将纳入微型建筑热环境的研究范畴。

2.2.3 人体与环境之间的对流热交换

式（2-1）中对流热交换项C，通常情况下使用下式来计算：

$$C = f_{cl}h_c(t_{cl} - t_a) \qquad （2-5）$$

式中 h_c——人体对流传热系数（包括受迫对流和自然对流），W/（m²·K）；

t_a——人体周围的空气温度，℃。

人体对流传热系数h_c与人体的表面形状和特征、人体附近的气流速度等因素密切相关，由于人体形状的复杂性，h_c很难确定。近几十年来，研究者一直对人体对流换热系数进行着不断地修正和补充，目前被广泛采用的是由Fanger提出的人体热舒适方程中采用的对流系数[3]，其受迫对流换热系数为Winslow提出的$11.6v^{0.5}$（v为自由空气流速，m/s），自然对流换热系数为Nielson提出的$2.38(t_{cl} - t_a)^{0.25}$。

在微型建筑中，由于空气受迫对流和自然对流均在空间上具有受限性，建筑室内空气对人体的逆向对流传热不可忽视，这将导致t_{cl}发生改变，而t_{cl}的重新确定必须考虑到t_{cl}和t_a之间的相互影响，必须以微型空间对流传热模型为基础，采用迭代方法进行求解。

2.2.4 人体与环境之间的蒸发热交换

式（2-1）中的蒸发换热项E，是指人体中的水分经过呼吸道或皮肤散发到周围环境时所吸收的汽化潜热，与水分的损失量直接相关，因此可以通过测定人体体重变化来估算，即：

$$E = \frac{60\gamma}{A_D} \cdot \frac{\Delta\omega}{\Delta t} \qquad （2-6）$$

式中 E——人体总蒸发热损失，W/m²；

γ——水的气化潜热，可取2450kJ/kg；

$\Delta\omega$——人体体重变化，kg；

Δt——测定时间，min。

蒸发换热项E包括呼吸蒸发换热项E_{res}和皮肤水分蒸发换热项E_{sk}两部分，这种潜热的交换伴随着水蒸气的质量传递过程，因而在影响室内空气温度的同时，也将对空气的相对湿度产生影响。

由于人的呼吸换气量与人的活动强度有关，所以呼吸蒸发热损失E_{res}与人体能量代谢率M近似呈线性关系，通常情况下，其计算式为：

$$E_{res} = k_m M(d_e - d_i) \qquad （2-7）$$

式中 k_m——呼吸换气系数；

d_e——人体呼出空气的含湿量，kg/kg；

d_i——人体吸入空气的含湿量，kg/kg。

在微型建筑中，由于水蒸气的扩散作用在空间上具有受限性，d_e 会对室内空气中的水蒸气含量产生较大影响，人体周围空气中的水蒸气会向人体进行反向的湿扩散，使 d_i 发生改变，从而使 E_{res} 的计算值发生变化。

人体皮肤水分蒸发主要通过汗液，当穿着服装时，部分汗液可以被服装吸收，然后逐渐蒸发掉。人体汗液蒸发包括隐形出汗和显性出汗两种方式，隐形出汗是指皮肤干燥时水分通过皮肤表层直接的蒸发，而显性出汗则是指皮肤湿润时水分从皮肤表面的蒸发。大多情况下，人体表面会处在部分干燥、部分湿润的状态，所以这两种蒸发方式并存。皮肤水分蒸发热损失 E_{sk} 的计算式为：

$$E_{sk} = (0.06 + 0.94W_{rsw})h_e(P_{sk}^* - P_a^* \varphi_a)F_{pcl} \tag{2-8}$$

式中　　W_{rsw} ——皮肤湿润度；

$\quad\quad h_e$ ——蒸发传热系数，W/（$m^2 \cdot$Pa）；

$\quad\quad P_{sk}^*$ ——皮肤温度下空气中水蒸气的饱和分压力，Pa；

$\quad\quad P_a^*$ ——皮肤表面水蒸气的饱和分压力，Pa；

$\quad\quad \varphi_a$ ——皮肤表面的相对湿度；

$\quad\quad F_{pcl}$ ——服装的渗透系数。

当人体周围的环境温度高于人体温度时，辐射换热和对流换热无法让人体有效散热，此时利用水的汽化潜热进行蒸发散热是人体调节温度的有效手段。在微型建筑中，皮肤水分的蒸发将导致房间中的水蒸气含量增加，从而使 P_{sk}^* 发生变化，与 P_a^* 形成耦合关系，从而使 E_{sk} 的计算值发生变化。

为满足人体舒适性要求，应该针对微型建筑这种特有的建筑形式，在建筑热环境和人体热舒适方面进行一个新的审视，必须以微型建筑实体为对象，考虑各种影响因素和各种主客观参数，对其室内热环境和人体热舒适展开研究，寻求微型建筑与普通建筑在室内热环境和人体热舒适方面的差别，为微型建筑设计和室内环境控制提供参考依据。

2.3　微型建筑中的人体服装热阻

2.3.1　服装热阻

服装最基本的作用就是防寒保暖，在人体的热感觉和热舒适性上，服装起到一个重要的缓冲作用。服装可以阻挡来自于人体皮肤的大部分长波辐射，使人体的辐射散热量减小。服装材料组织间隙内的空气基本不流动，可减少人体的导热和对流散热量。人体与服装之间还会形成一个微气候区，这个微气候区与人体极其贴近，可视作人体的第二层皮肤，对人体的热感觉和热舒适产生影响。

由于服装的结构、款式、厚度、层数、织物材料等都会对人体的热平衡产生影响，所以需要设置一个统一的衡量标准。GB/T 18398—2001中给出的服装热阻的定义是："服装在人与环境热交换过程中对流热的阻力"[4]。服装热阻的单位为clo，1clo是指在室温21℃，相对湿度不超过50%，空气流速不超过0.05m/s，受试者安静坐姿，感觉舒适时所需要的服装的热阻，数值为0.155（m²·℃）/W。

服装热阻涉及总热阻、基本热阻、相对热阻、单件热阻、套装热阻等概念。其中套装热阻值可以由单件服装热阻求得[5]：

$$I_{cl} = 0.835 \sum_i I_{clu,i} + 0.161 \qquad (2-9)$$

式中　I_{cl}——套装热阻，clo；

　　　$I_{clu,i}$——单件服装的热阻，clo。

服装热阻对人体热感觉和热舒适所产生的作用，不仅受到环境参数（空气温度、空气湿度、气流速度、平均辐射温度等）的影响，也和人的性别、年龄、健康状况、心理因素等密切相关。大多数研究者认为，穿衣的人须满足以下两个条件才会达到热舒适状态：一是要能保证着装者的热平衡；二是着装者在生理和心理上处于最佳状态。

2.3.2　微型建筑中的服装热阻与人体热舒适

微型建筑空间中，一般仅可容纳1~2人，在这种狭小的空间中，人体着装情况对人体的热感觉和热舒适将具有更为显著的影响，这种影响作用既可通过数值模拟这种较为客观的方法去预测，也可通过问卷调查这种较为主观的方法去评估。

2.3.2.1　服装热阻与人体热舒适实验测试

人体热舒适实验测试需要针对春、夏、秋、冬四个季节，样本的选择必须充分考虑到年龄、性别、体形、职业、身体状况等各种涉及人体差异性的因素，问卷内容也应包含上述有可能影响到人体热感觉和热舒适的各种要素。为了考察在微型建筑内居住人员的热感觉，还需要对测试者进行长期居住体验研究，测试者将按照一般人的作息规律，进行用餐、睡眠、读书、上网、运动等多项活动，对房间内的人体热舒适性进行更为深入细致的感受，研究人员则需要采用录像、深入访谈、心理测试等方法收集志愿者的体验，并在此基础上进行分析研究。整个测试过程中，受试者均应保持良好的健康状况，应采用各种方法全力确保受试者的正常心态和积极配合的态度。制定实验方案时需要严格遵守世界医学协会的《赫尔辛基宣言》，以确保受试者的健康和安全。

根据微型建筑的特征，参照ASHRAE Handbook 2005，选取12种典型服装热阻，如表2-1所示，并在彼此之间进行组合，生成冬、夏和过渡季共5种代表性套装，如表2-2和图2-3所示。

单一服装热阻		表2-1
编号	服装	热阻/clo
1	短袖衬衫	0.19
2	长袖衬衫	0.25
3	长袖薄毛衣	0.25
4	长袖厚毛衣	0.36
5	长袖厚外套	0.69
6	短内裤	0.03
7	短裤	0.08
8	薄长裤	0.15
9	厚长裤	0.24
10	短袜	0.03
11	凉鞋	0.02
12	靴子	0.10

5种服装组合模式套装热阻		表2-2
编号	服装组合	热阻/clo
A	1+6+7+11	0.43
B	2+6+8+10+11	0.56
C	2+3+6+9+10+11	0.84
D	2+4+6+9+10+12	1.00
E	2+5+6+9+10+12	1.28

2.3.2.2　人体热感觉投票TSV

在春、夏、秋、冬四个季节，分别选取典型室外工况，TSV随服装热阻的变化规律如图2-4所示。由图2-4可知，TSV会随着服装热阻的增大而增大。在春、秋、冬三季，可通过服装的调节满足人的热舒适性，合适的服装热阻春季约在0.80～1.15clo之间，秋季约在0.75～1.00clo之间，冬季则需要大于1.28clo。夏季即使服装热阻为零（裸体状态），TSV也在1.0左右，因此需要添加冷源才能令人舒适。

2.3.2.3　人体热舒适投票TCV

四个季节典型工况下，TCV随服装热阻的变化规律如图2-5所示。由图2-5可知，在春、

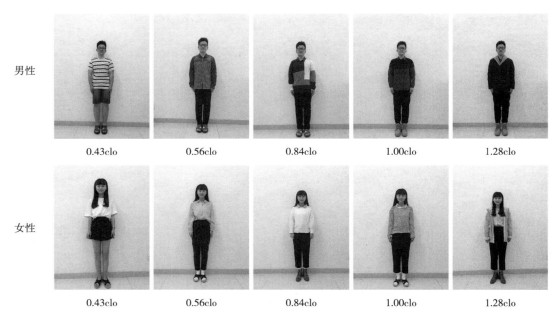

男性

0.43clo   0.56clo   0.84clo   1.00clo   1.28clo

女性

0.43clo   0.56clo   0.84clo   1.00clo   1.28clo

图2-3 冬、夏和过渡季5种代表性套装热阻

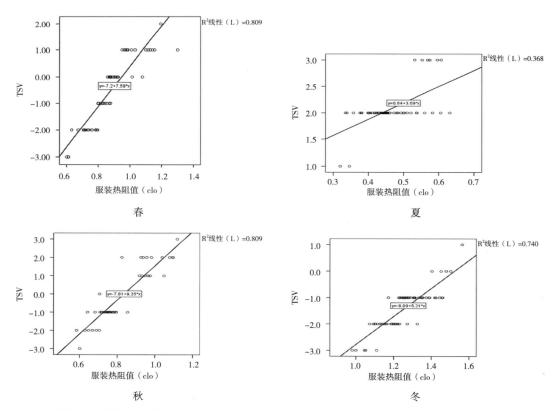

图2-4 不同季节服装热阻与TSV的关系

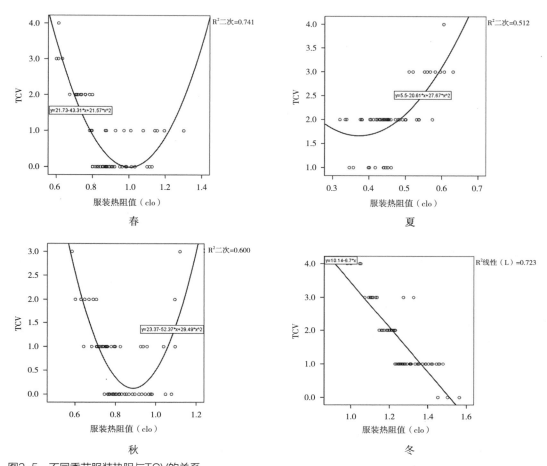

图2-5　不同季节服装热阻与TCV的关系

秋两季，TCV函数曲线均会出现极值点，这是由于随着服装热阻的增大，人体会由冷不舒适渐渐变为舒适，但如果服装热阻继续增大，渐渐又会转为热不舒适。在夏季，无论服装热阻是多少，人体始终处在不舒适状态。而在冬季，服装热阻大于1.28clo时，人体会从冷不舒适状态逐渐过渡到舒适状态。

2.3.2.4　人体热感觉预测平均评价和预测不满意百分数

人体预测平均评价指标Predicted Mean Vote（PMV）是一个反映人体热平衡偏离程度的指标，标尺介于-3到+3之间，一共与7个人体热舒适变量有关，即：

$$PMV = f(M, W, t_a, P_a, I_{cl}, T_{mrt}, h_c) \qquad (2-10)$$

式中　P_a——人体周围水蒸气分压力，Pa。

PMV指标代表了同一环境中绝大多数人的感觉，并不能反映出人与人之间的个体差异，具体每个人受到心情、进食、运动、疾病等各种个体因素的影响，新陈代谢率会发生改变，对环境表示不满意的程度，可采用预测不满意百分数Predicted Percent Dissatisfied（PPD）来描述。

PPD和PMV之间的关系如下：

$$PPD = 100 - 95\,exp[-(0.03353PMV^4 + 0.2179PMV^2)]$$ （2-11）

我们针对长江中下游冬冷夏热地区，在春、夏、秋、冬四个季节分别选取该季节典型工况，对微型建筑PMV指标进行了数值模拟，建筑物理模型与实体建筑一致，建筑层高2.3m，开间2.2m，进深2.0m，设置有淋浴间、橱柜、床、书桌、门和两扇窗，并包括一台200W、两盏34WLED灯和一个80W坐姿标准人体。模拟结果中，高度1.2m截面的PMV云图见图2-6～图2-9。从图中可以看出，在自然通风状态，对于人们着装的服装热阻，春秋两季均可基本达到热舒适状态，但冬、夏两季分别存在偏冷和偏热的情况，说明在冬、夏季大多气候条件下，微型建筑和普通建筑一样，仅依靠自然通风的方式，室内难以达到人体所需要的热舒适性要求。

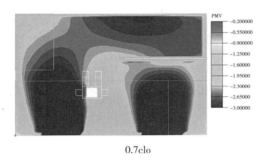

0.7clo

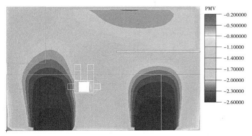

0.9clo

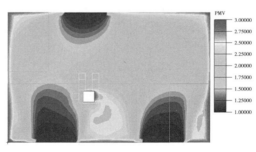

0clo

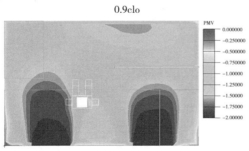

1.1clo

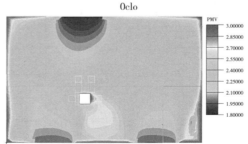

0.43clo

图2-6　春季不同服装热阻下微型建筑室内PMV　　　图2-7　夏季不同服装热阻下微型建筑室内PMV

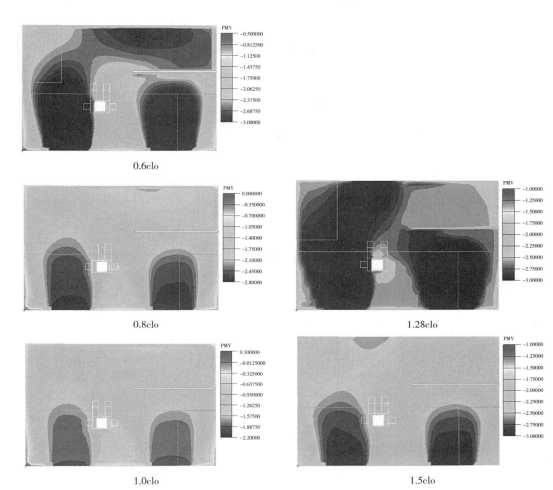

0.6clo

0.8clo

1.28clo

1.0clo

1.5clo

图2-8　秋季不同服装热阻下微型建筑室内PMV　　　图2-9　冬季不同服装热阻下微型建筑室内PMV

　　夏季采用室内送冷风方式，选取0.18m³/s的送风量，服装热阻为0.43clo，送风温度每降低1℃，室内平均PMV大约降低0.4左右，送风温度为22.0℃和23.0℃时，室内平均PMV分别下降到0.293和0.688，可使人体热感觉满足舒适性要求，高度1.2m截面PMV云图见图2-10。

　　冬季采用室内送热风方式，选取0.18m³/s的送风量，服装热阻为1.28clo，送风温度每增加1℃，室内平均PMV大约提高0.2左右，送风温度为23.0℃和24.0℃时，室内平均PMV分别上升到-0.59和-0.37，可使人体热感觉满足舒适性要求，高度1.2m截面PMV云图见图2-11。

　　2.3.2.5　人体热感觉行为调节

　　对于建筑热环境各项因素所造成的热不舒适感觉，人体具有一定的自我调节能力。人体调节热感觉的行为方式分为三类：调节自身的新陈代谢率（如改变运动状态、改变坐姿）、调节自身的热损失（如加减衣物、喝冷热饮、洗澡）、调节热环境（开关门窗、遮阳、增加

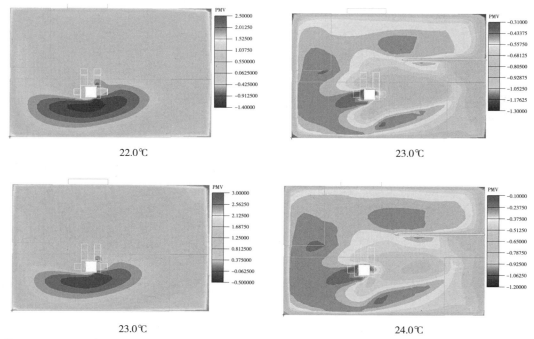

图2-10　夏季送冷风时微型建筑室内PMV（送风量0.18m³/s）

图2-11　冬季送热风时微型建筑室内PMV（送风量0.18m³/s）

冷热源）等。在微型建筑内，每个季节典型室外气象条件下，身着代表性服装的人体对热调节行为方式的选择统计结果如图2-12所示。

　　在春、秋两季，增减衣物是人们调节热感觉最主要的方式，因为春秋两季人们的穿衣样式多种多样，可调性大，在能够改变服装热阻的情况下，人们一般会尽可能地通过改变自己的着装来适应当时的热环境。此外，室内的空气流速也具有较大的可调性，人们还会选择开关门窗来达到对热舒适的调控。

　　在夏季，人们所穿的服装普遍以轻薄为主，大多数为单件或者单层，这就限制了以服装来调节热感觉。夏季微型建筑室内人们首要选择调节热感觉的方式是喝冷饮，这样可以刺激胃肠表面，使这些部位的温度迅速降低，让人产生短暂的冷感；但是这种方式也有害处，过量饮用时对身体会有一定的损伤。此外，人们还会选择洗澡或拉窗帘遮阳的方式调节热舒适。其中，洗澡时的水分蒸发可以带走人体部分热量，达到给皮肤表面降温的目的，从而使人获得舒适；而拉窗帘遮阳则可大幅度降低太阳辐射对围护结构的穿透率，从而降低室内空气温度和人体的得热量。

　　在冬季，人们选择调节热感觉的最主要方式是加衣服。但冬季人们的着装已经比较厚重，过多的衣物会给人体增加负担，使人行动不便，影响正常活动。此外，也可以通过运

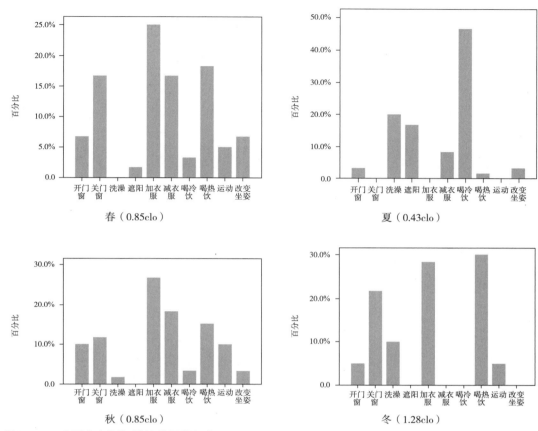

图2-12　不同季节人体热感觉行为调节方式

动、关门窗、喝热饮等方式调节人体热感觉。其中，运动时人体的新陈代谢率提高，可以产生额外的热量，使人体的热感觉得以改善；关门窗可减少室内的冷风侵入，提高室内空气温度；而喝热饮则属于对人体内部的直接加热，所以效果尤为明显。

2.4　微型建筑中的人体活动水平

2.4.1　人体活动与能量代谢

在人体热舒适方程式（2-1）中，人体能量代谢率 M 是影响人体舒适感的重要因素。代谢率的单位为met，1met=58.2W/m^2。临床上规定，未进早餐前保持清醒静卧半小时，室温条件维持在18℃～25℃之间，测定的人体代谢率称之为基础代谢率（Basal Metabolic Rate，BMR）。当人体并非静止而是处在活动状态时，代谢率将升高，活动强度越大，代谢率提高的幅度越大。例如成年男子在步行的时候，代谢率约为2.5～5.3met；骑自行车的时候，代谢率约为3.6～7.8met；快速跑的时候，代谢率可达4.7～11.6met。因此，人体可通过改变活动强度的方式来调节人体的热舒适性，这也是很多人冬天喜欢健身，而夏天不愿意运动的原因。

另外，人体活动的散热量也会传递给周围的空气和建筑表面，在普通建筑中，这种传热与通过围护结构的建筑得热量相比是比较微弱的，但在微型建筑中，由于建筑空间的狭小，这种热量对室内温度却会产生较大的影响，而由于建筑与人体的贴近，这种热量还会更大程度地反作用于人体，从而改变人体的热感觉。所以，人体活动水平对人体热感觉和热舒适性的影响，在微型建筑中将具有特殊性。

2.4.2 人体热感觉投票TSV

分别选取夏、冬两季的典型室外工况，进行问卷调查和数据处理，身着代表性服装的人体TSV随活动水平的变化规律如图2-13所示。由图可知，无论在夏季还是冬季，TSV均会随着人体活动强度的增大而增大。在夏季，本来就炎热的环境中，随着活动强度的增大，炎热感觉会加剧；而在冬季较为寒冷的环境中，适当的活动可有效缓解冷感觉，但随着活动强度继续增加，人体会逐渐感到热。冬季出现的这种情况，与微型建筑的空间有着必然关系，在正常着装的情况下，狭小空间所导致的热积聚效应导致人体活动时房间内的空气温度和表面温度升高，另外，比较局促的空间也更容易使人在心理上出现热的感觉。

2.4.3 人体热感觉投票TCV

在夏、冬两季典型室外工况下，身着代表性服装的人体TCV随活动水平的变化规律如图2-14所示。由图可知，夏季活动强度越高，人体会越不舒适，而冬季则拟合出的是二次曲线，活动强度约为2.5met（145.5W/m²）的时候，TCV达到最小值，说明此活动强度下人体是最舒适的。因此可以得出结论，在冬季进行体育锻炼的时候，只要不是极端的严寒天气，如

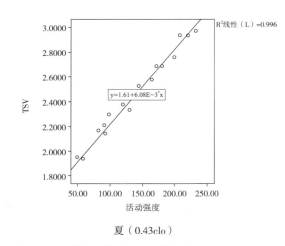

夏（0.43clo）　　　　　　　　　　　　冬（1.28clo）

图2-13　人体活动水平与TSV的关系

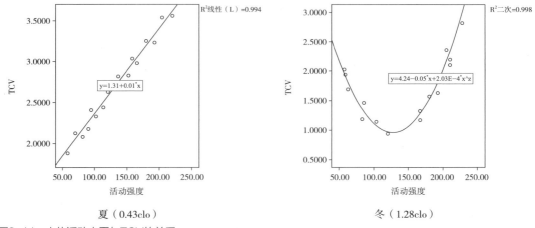

图2-14　人体活动水平与TCV的关系

果运动强度能保持在一定范围内，就可以使人达到不冷不热的舒适状态，而这种舒适状态和室外气象条件、围护结构保温情况、服装热阻、人体的个体特征等因素均具有相关性，需要具体情况具体分析。

2.4.4　室内热环境参数

微型建筑中，人体活动所产生的新陈代谢热量会反作用于室内热环境，对室内热环境参数产生一定影响。采用数值模拟方法可得出夏、冬两季典型气象条件下室内热环境参数的云图，不同活动强度下高度1.2m截面室内空气温度的云图如图2-15、图2-16所示。由图中可以看出，夏、冬两季室内空气温度均随着人体活动强度的增加而增加，活动强度每增加1met，房间空气平均温度夏季约增加0.36℃，冬季约增加0.46℃。这种温度的增加在夏季会降低人的舒适感，但在冬季却会提高人的舒适感。而且，冬季的室内空气平均温度虽然仍然低于热舒适温度，但由于微型建筑中人体热量不易散失，人体表面附近的空气温度比较远处的空气温度更高，这对人体热感觉的提升无疑是有利的。

随着人体活动强度的增加，虽然人体在运动时的汗液蒸发会导致空气中的水蒸气含量略有上升，但由于室内空气温度的增加，饱和湿度变大，总体上空气相对湿度仍会有所下降。由于人体活动产生的热量会使热气流的浮升作用加强，增强房间内的自然对流，而肢体的运动也会带动空气流动，造成一定程度的受迫对流，所以随着人体活动强度的增加，总体上室内的空气流速会增加。在门窗开启的情况下，室内空气流速更大程度上还会受到室外气象条件的影响。

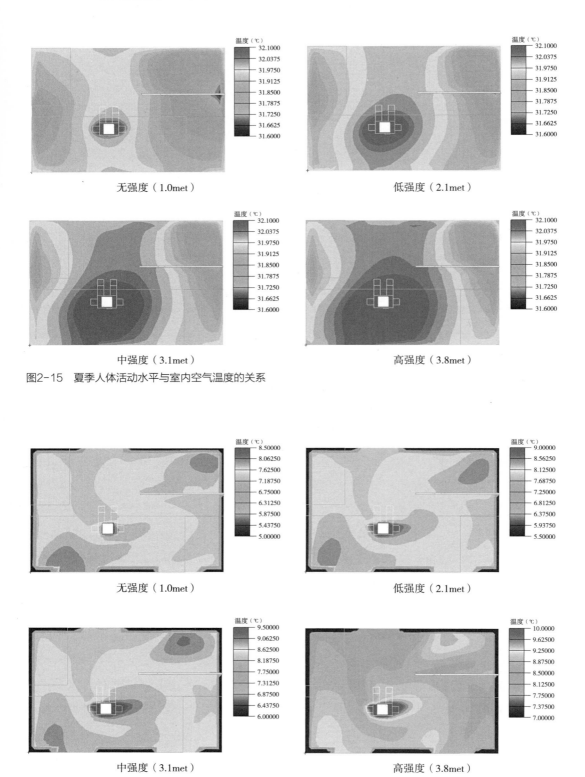

无强度（1.0met）　　　　　　　低强度（2.1met）

中强度（3.1met）　　　　　　　高强度（3.8met）

图2-15　夏季人体活动水平与室内空气温度的关系

无强度（1.0met）　　　　　　　低强度（2.1met）

中强度（3.1met）　　　　　　　高强度（3.8met）

图2-16　冬季人体活动水平与室内空气温度的关系

2.5　微型建筑中的冷热源特性

2.5.1　冷热源特性

在微型建筑内，设置必要的冷热源是保障人体达到或接近热舒适的必要手段，冷热源对室内热环境和人体热舒适的影响，与冷热源的特性密切相关。

冷热源特性首先是指冷热源的方式。夏季冷源最常见的是空气调节设备，由于微型建筑是一种比较独立、比较个性化的建筑形式，所以大多采用分散式空调，但也有一些集成式的微型建筑采用集中空调，例如日本的很多胶囊公寓中已经普遍安装中央空调系统。冬季热源既可以采用空调设备，也可以采用各种散热器，常用的散热器如辐射式取暖器、暖风机、油汀等，不同的散热器，对房间内空气、围护结构和人体的加热方式也各不相同。

冷热源特性其次还要考虑冷热源设置的位置和送回风口位置。中央空调大多是通过送风口来为房间供给冷量，送风口和回风口均可设置于房间顶部、侧上、中部、侧下、底部等各种位置，送风口和回风口可设置与房间同侧，也可设置于房间相对两侧；对于常见的两种家用分体空调，柜式空调是侧下部送回风，壁挂式空调则采用侧上部送回风。空调送风口和回风口的位置不同，微型建筑房间内的气流组织会有所不同，导致室内热环境和人体热舒适也有所不同。对于不同类型的散热器，有的是以对流加热方式为主，有的是以辐射加热方式为主，散热器对房间内空气和人体的加热方式不同，也会导致室内热环境和人体热舒适有所不同。

冷热源特性对室内热环境和人体热舒适最直接的影响因素，则是冷热源的各项参数。空调系统的送风温度和送风速度不同，房间内的温度场和速度场必然不同，对人体的影响也会不同。需要注意的是，送风速度是一个具有方向的矢量，同样的送风速率，送风射流的方向不同，也会导致房间内速度场的不同，进而对人体舒适性产生作用。对于不同的加热设备，参数设定上差别非常大，对于热源温度，远红外辐射式取暖器的辐射板表面温度可达到240℃左右，而油汀表面温度则不超过100℃。制热空调和暖风机是采用送热风的方法，可以设定送风速度这个参数，室内空气流动属于受迫对流，流速会比较大。油汀和辐射式取暖器则没有送热风的过程，不存在送风速度这个参数，前者主要是通过加热空气的方式，后者则主要是先加热房间内各个表面，再通过这些表面间接对空气进行加热的方式，采用这两种取暖器时，室内空气流动都属于自然对流，流速相对比较小，通常情况下热空气会向屋顶浮升，贴着屋顶向墙壁流动，然后在墙壁附近向地面沉降，在整个房间内形成一个气流循环。

2.5.2　夏季空调方式

2.5.2.1　空调送回风方式

在夏季典型工况下，采用不同的空调送回风方式，对微型建筑室内热环境参数进行数值

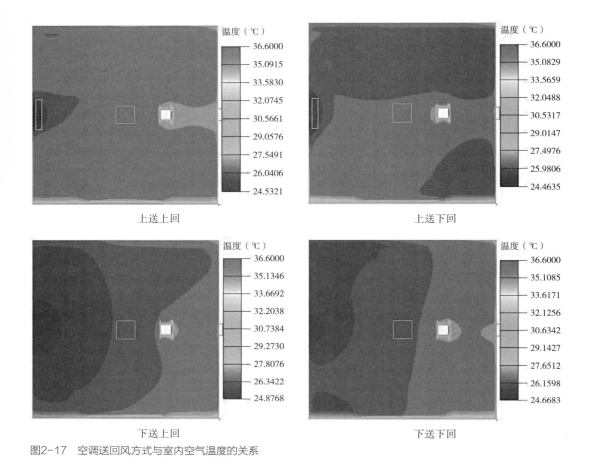

图2-17　空调送回风方式与室内空气温度的关系

模拟，各种送回风方式的送风口均设于房间左侧，回风口均设于房间右侧，送风速度均为5m/s，送风温度均为24℃，其中高度1.2m截面的温度云图如图2-17所示。由图可知，对于位于人体工作区的高度1.2m处，下送上回方式的平均温度最低，温度分布也最均匀。下送风方式比上送风方式的能量利用系数高，这个特性与普通建筑类似，但对于微型建筑，小空间中空气流动更容易受到位于工作区的家具和人体的阻碍，所以较之于下送下回方式，下送上回方式的工作区温度较为均衡，对人体热舒适更为有利。

为了衡量房间的通风效果，建筑行业通常采用空气龄这个参数，空气龄是指空气在房间停留的时间，平均空气龄越短，说明房间的空气更新效果越好。一般用示踪气体在室内的含量变化来确定房间的空气龄，空气龄的定义式为：

$$\tau_{\mathrm{age}} = \frac{\int_0^\infty c_\tau d(\tau)}{c_0} \qquad (2-12)$$

式中　τ_{age}——空气龄，s；

c_0——示踪气体初始含量，$10^{-4}\%$；

c_τ——示踪气体瞬间含量，$10^{-4}\%$。

在同样的建筑物理模型和同样的送风参数下，采用各种送回风方式时微型建筑内高度1.2m截面的空气龄云图如图2-18所示。由图可知，采用下送上回方式时，人体工作区的空气龄明显低于其他三种送回风方式，而对模拟结果进一步的分析发现，在下送上回方式下，整个房间的气流流动较为顺畅，而对于其他三种送回风方式，房间局部区域均存在不同程度的空气涡流现象，因而空气更新较为缓慢。由此可见，小空间内空气流动更容易受到阻碍，采用下送上回这种类似于置换通风的方式，空气的流动会更加顺利，不仅有利于房间空气品质的提升，也可使房间内的气流流动效果得到改善，从而提高夏季人体的热舒适性。

2.5.2.2　空调送风参数

送风温度和送风速度是空调设计中的两个重要参数，当室内空气状态参数维持稳定的时候，为了消除夏季房间内的余热和余湿，送风温度越高，需要的送风量就越大，而在风口截

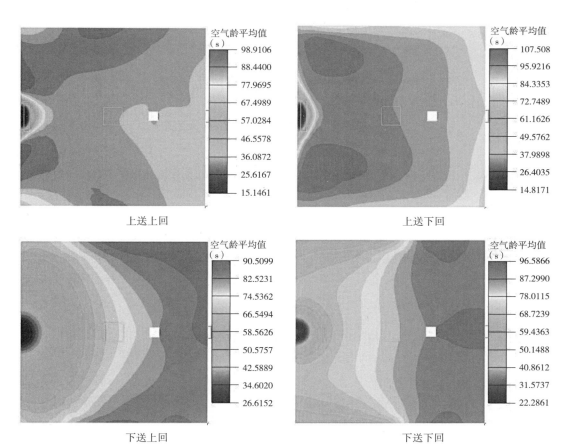

图2-18　空调送回风方式与室内空气龄的关系

面一定的情况下，送风速度也就越大。但是，即使室内状态参数处在稳定状态，由于室内不同位置的温度和风速并不完全均衡，给人带来的主观感觉并不相同。

采用下送上回的送风方式，设定微型建筑空调房间室内空气温度为22℃，相对湿度55%，以消除余热和余湿为目的设置不同送风温度和送风速度，进行问卷调查，得出人体热感觉和热舒适主观参数TSV和TCV的统计结果，如表2-3所示。从表中可以看出，即使微型建筑内的余热和余湿可以完全消除，室内人员也没有达到完全舒适的状态，而是存在有些偏冷的感觉。这是因为微型建筑内人体工作区与送风口的距离不可能太远，送风口送出的冷风会很快抵达工作区，尚未来得及进行大范围的扩散，在与室内空气未能充分混合之前，就对人体的热感觉和热舒适造成了影响。进一步分析可知，送风温度较低的时候，人体的冷不舒适感更强，TSV标尺已接近"稍凉"，TCV标尺已接近"稍不舒适"，相比之下，送风速度对人体舒适感的影响作用不如送风温度那么明显。这说明在微型建筑内，人员会更加关注室内空气温度的变化，不宜采用过低的送风温度。在空调送风的计算过程中，应该针对微型建筑中的具体情况，可以酌情考虑提高室内空气温度设定值，减少供冷量，这样既能提高室内的人体舒适性，还能起到节能的作用。

空调送风参数对TSV和TCV的影响   表2-3

送风温度（℃）	送风速度（m/s）	送风量（m³/s）	送风温差（℃）	TSV	TCV
14	2.6	0.12	8	−0.8	0.6
15	3.0	0.14	7	−0.3	0.1
16	3.5	0.16	6	−0.1	0.2
17	4.2	0.19	5	−0.4	0.1
18	5.2	0.24	4	−0.2	0.3

2.5.3　冬季供暖方式

2.5.3.1　热源强度和热源种类

与夏季制冷空调方式相比，冬季供热的方式更为多样化，既可采用制热空调，也可采用各种各样的散热器。对单独房间进行供暖的散热器不同于集中供暖，室内的温度、相对湿度、风速等热环境参数难以精确调节，一般都是通过控制热源强度的方式。热源强度越大，对房间的加热效果越好，室内空气温度就越高，这一点毋庸置疑，但对于不同类型的热源，由于其加热方式不同，对房间的加热效果并不会完全相同。

对于辐射式取暖器、暖风机和油汀，选取冬季典型工况，对微型建筑进行室内热环境参

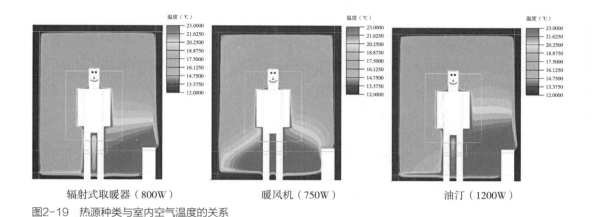

辐射式取暖器（800W）　　　　暖风机（750W）　　　　油汀（1200W）

图2-19　热源种类与室内空气温度的关系

数数值模拟，垂直方向截面的温度云图如图2-19所示。由于散热器一般都放置于房间底部，即使存在房间内热气流浮升的现象，但在小空间内热量更不容易扩散，致使房间下部的温度水平仍是高于房间上部。由于暖风机存在热气流输送作用，较之辐射式取暖器和油汀，房间内的对流传热效果更好，所以室内空气温度分布更均匀一些。

　　图2-20为微型建筑垂直方向截面的风速云图，可以看出，暖风机供暖时室内空气流速平均水平明显高于辐射式取暖器和油汀。暖风机供暖时热空气会先扩散到人体附近，然后贴着人体表面浮升；而辐射式取暖器和油汀供暖时热气流则会先在散热器附近的上部和侧部浮升，然后在整个房间内扩散。

　　由于辐射式取暖器的表面温度很高，且高温加热板只面对一个方向，当人体与辐射式取暖器加热面之间没有阻隔物时，会有大量的辐射热量直接落在人体表面，此时加热效果较好；而当人体和辐射式取暖器之间有阻隔物，或者人体位于辐射式取暖器高温加热板的背面，辐射热量无法直接落到人体表面，只能先将辐射热传递给室内其他表面，其他表面再通

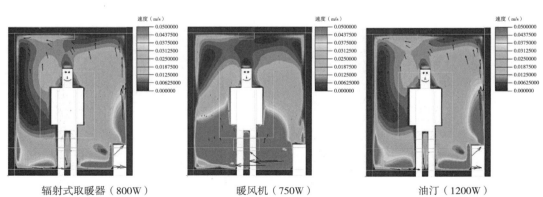

辐射式取暖器（800W）　　　　暖风机（750W）　　　　油汀（1200W）

图2-20　热源种类与室内风速的关系

过对流放热间接传递给人体，此时加热效果较差。在微型建筑的狭小空间内，辐射式取暖器与人体的近距离会使人体热舒适感提高，但也要更加注意防止人体被炙烤而局部过热的问题。同时，取暖器的位置要合理放置，尽量避免家具等遮挡在人体和取暖器之间。

暖风机的主要加热方式为受迫对流，热气流会更容易抵达人体工作区，对人体进行快速加热。在微型建筑中，这种加热效果会更加明显，但当暖风机与人体距离太近的时候，温度较高、流速较大的热风反而可能会给人体带来热不舒适的感觉。

对于表面温度较低的油汀，加热方式主要是自然对流，加热效果比较温和。微型建筑中，油汀供暖时热气流会很快充满整个房间，温度分布相对比较均匀，油汀和人体之间的距离对人体热感觉影响不大，即使人体处在活动状态，位于房间的不同位置，热舒适性也都是比较均衡的。

在冬季室内平均空气温度10.5℃条件下，采用不同挡位的散热器，对微型建筑中人体热感觉和热舒适主观参数TSV和TCV进行问卷调查和统计，结果如表2-4所示。从表中可以看出，在房间内无热源的时候，人体明显处于冷不舒适状态，但随着散热器的开启，人体舒适性得以明显提高。

热源种类对TSV和TCV的影响　　　　　　　　　　　　　　　　表2-4

	无热源	辐射式取暖器		暖风机		油汀		
	0W	400W	800W	750W	1500W	1000W	1200W	2200W
TSV	−2.0	0.8	1.0	−0.6	0.3	0.1	0.4	1.1
TCV	1.9	1.0	0.3	0.5	0.8	0.5	0.4	0.7

对于辐射式取暖器，在使用400W低档的时候，房间空气温度虽有上升，但还没有达到冬季人体的舒适温度。但此时，TSV却达到了0.8，这正是因为微型建筑内人体与散热器距离非常近，即使在较冷环境中，受到200℃以上辐射板"炙烤"的感觉使大多数人的TSV投票值偏高。然而，这种感觉并非适用于整个人体，进一步对人体不同部位的投票表明，在因身体阻隔而未被辐射板直接照射到的人体局部部位，仍然处在偏冷状态，而TCV的值为1.0，也恰恰验证了这一点。当使用800W高档的时候，TSV升高的幅度并不大，但TCV却从1.0降到了0.3，这说明随着热源强度的增加，人整体的热舒适性有了较大提升。从以上分析可以看出，人体的热感觉往往会被一些不确定的因素或局部的变化所支配，使TSV值与TCV值发生一定程度的分离；而人体局部的不舒适则会较大程度地导致整体不舒适的投票结果，只有人体各部位都舒适的时候，TCV值才会降低。

对于暖风机，高、低两档的加热功率均高于辐射式取暖器，但 TSV 值却反而更低。这是因为暖风机送出的热风温度只有 40℃～80℃，在微型建筑中，即使会迅速扩散到人体附近，这种热气流也是比较舒适的，而不会给人体带来太强的热感觉。750W 低档略凉，1500W 高档略暖，两者 TCV 值都在 0～1 之间，在微型建筑内，这两种热源强度都是人体可以接受的。

与辐射式取暖器和暖风机相比，油汀这种较为温和的加热方式更有利于提高人体的舒适感觉。使用 1000W 低档和 1200W 中档都会使人体感到较为舒适，使用 2200W 高档的情况下，由于微型建筑中的容积小，室内空气已被加热到人体舒适温度之上，TSV 超过 1，但 TCV 仍然小于 1，也就是说人体虽然感觉略暖，但仍然认为自己是比较舒适的。

2.5.3.2　热源启动过渡期

在冬季的建筑中，人们通常都是在进入房间后才启动热源，这样更符合人们的生活习惯，而且有利于节约能源。当热源刚开始启动，房间中仍然是冷环境，热源对室内空气进行持续不断地加热，使空气温度逐渐升高，在这种情况下，人体热舒适不可能一步到位，而是要经历一个过渡期。

在热源启动过渡期，空气温度与时间之间并非是线性关系，随着时间的增加，室内空气温度的升高会导致室内外温差的增大，从而造成室内向室外的传热量增大，使室内空气温度的升高幅度越来越慢，最终趋于一个相对稳定的状态，此时室内空气从热源得到的热量应该近似等于向室外的散热量，达到一个平衡点。

将微型建筑室内空气视作集总热容体，且不考虑围护结构的蓄热作用时，热源启动过渡期室内空气的非稳态导热微分方程为：

$$\rho c V \frac{dt}{d\tau} = P - KA(t - t_f) \tag{2-13}$$

式中　ρ——空气密度，kg/m^3；

　　　c——空气比热容，$J/(kg \cdot ℃)$；

　　　V——空气容积，m^3；

　　　P——热源功率，W；

　　　K——围护结构综合传热系数，$W/(m^2 \cdot ℃)$；

　　　A——围护结构当量传热面积，m^2；

　　　t_f——室外空气温度，℃。

对微分方程（2-13）进行求解，可得出室内空气温度随时间变化的表达式：

$$t = \frac{P}{KA}\left[1 - exp\left(-\frac{KA}{\rho c V}\tau\right)\right] + (t_0 - t_f)exp\left(-\frac{KA}{\rho c V}\tau\right) + t_f \tag{2-14}$$

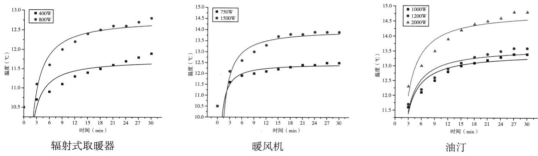

图2-21　热源启动过渡期室内空气温度变化

在冬季室内平均空气温度10.5℃条件下，对微型建筑中热源启动过渡期的室内各测点温度进行实测，并求出平均温度，如图2-21所示。图中室内平均空气温度的变化规律与通过式（2-14）计算得到的结果比较接近，但也存在着一定差别。差别的原因除了实验误差之外，很大程度是因为式（2-14）中未考虑围护结构的蓄热过程。

由图2-21可以看出，对于同种热源，随着功率的增大，空气温度不仅升高得更快，而且到达相对稳定状态的时间也会更长一些；对于不同类型的热源，在功率相当的情况下，空气温度基本达到稳定所需要的时间也不一样，暖风机和油汀的时间较短，而辐射式取暖器的时间较长，这个结果正是源于围护结构的蓄热作用。从传热方式的角度，暖风机和油汀供暖都主要属于受迫对流换热，空气可直接获得热量；而对于辐射式取暖器，在加热方式上很大程度是依靠热辐射，辐射传热并不能直接加热室内空气，而是首先对固体表面进行加热，一部分会落到建筑围护结构上，然后围护结构才会逐渐地将热量释放出来，传递给室内的空气，这种延迟作用导致室内空气温度提升较慢，所以趋近稳定温度的时间更长。

图2-22是热源启动过渡期人体热舒适投票TCV值随时间的变化关系，从图中可以看出，对于不同热源，人体的热舒适性都会随着时间增加逐渐提高，但规律性并不完全相同，其中

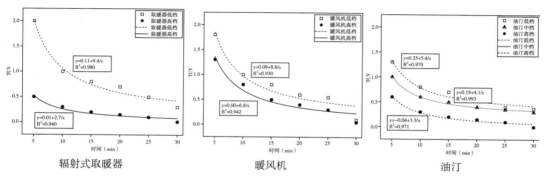

图2-22　热源启动过渡期TCV变化

暖风机在功率较低的时候，也能达到与其他热源启动过渡期时相近似的热舒适性，这一点与热源稳定状态时的情况相类似。

2.6 微型建筑空间尺度

2.6.1 可变空间微型建筑

在普通建筑中，当建筑空间尺寸发生变化时，对室内热环境的影响并不是十分显著，人体热感觉不一定会明显地体现出来。但对于微型建筑，由于空间的狭窄，房间容积有限，室内空气温度对于空间尺度的变化将更加敏感，建筑空间对其他热环境参数的影响作用也将会被放大，进而作用于人体，使人体热感觉和热舒适发生相应的变化。

为了研究建筑空间尺寸对室内热环境和人体热舒适的影响，研究团队搭建出可变空间尺寸微型建筑。可变空间微型建筑的围护结构包括两面固定墙体、一面滑动墙体、一面滑动推拉墙体、地板和天花板。地板上装有两条互相垂直的滑轨，滑动墙体可在其中一条滑轨上滑动，以调整房间的进深。滑动推拉墙体可在另外一条滑轨上滑动，以调整房间的开间。滑动推拉墙体通过推拉的方式以适应滑动墙体的位置变化。建筑的开间和进深均可在1.5～3m范围内任意调整，室内面积可在2.25～9m²范围内任意调整，将开间和进深的尺寸彼此之间进行组合，可形成各种不同使用面积和长宽比的建筑空间。建筑的四面墙体均为敷设保温材料的墙体，可根据需要在墙体上开设门窗，房间上方设置有敷设保温材料的天花板，天花板距离地面的高度可根据需要进行设置和调整。墙体和天花板内表面保温材料的导热系数均为0.032W/（m·K）、厚度均为50mm。为了降低冷桥效应，进一步加强房间的保温效果，墙体与天花板接触的部位以及墙体与墙体滑动接触的部位均安装密封毛条，滑轨上侧部位与墙体底面接触的部位也安装有密封毛条。

该微型建筑的平面示意图见图2-23，轴测图见图2-24，建筑实体见图2-25。

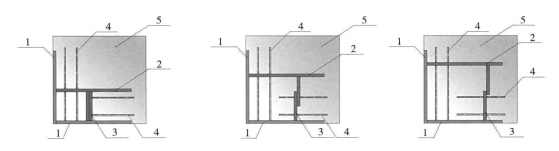

图2-23 可变空间微型建筑平面示意图
1 固定墙体；2 滑动墙体；3 滑动推拉墙体；4 滑轨；5 地板

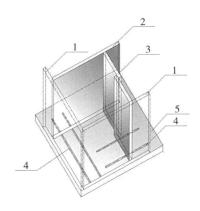

图2-24 可变空间微型建筑轴测图
1 固定墙体；2 滑动墙体；3 滑动推拉墙体；4 滑轨；5 地板

图2-25 可变空间微型建筑实体

2.6.2 建筑空间尺寸与室内空气温度的关系

选用功率250～1500W的陶瓷加热灯作为热源，在不同热源功率和不同尺寸下，对可变空间微型建筑室内不同位置空气和墙体的温度进行测量。测量设备采用TT-T-30型热电偶，测量精度为±0.5℃，热电偶与Agilent-34970A数据采集仪相连，采集仪内置3块20通道的数据采集板，每10s记录一次温度数据，一个工况为30min。建筑中一共布置43个测点，其中左、右、后墙上各有5个测点，天花板和地面各有5个测点，都均匀分布于围护结构内表面，每个测杆有上、中、下3个测点（分别距离地面1.8m、1.2m、0.6m），活动墙上有3个测点，测点分布位置示意图见图2-26。在无热源情况下，通过恒温控制将室内空气温度稳定于9.5℃（±0.1℃）。选

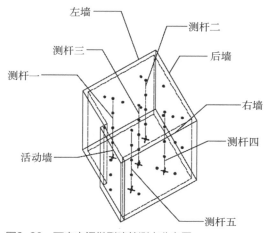

图2-26 可变空间微型建筑测点分布图

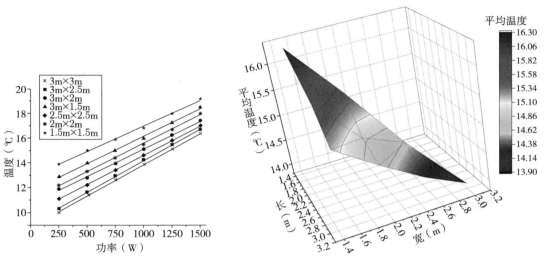

图2-27　不同空间尺寸下微型建筑室内空气平均温度随热源功率的变化

图2-28　微型建筑室内空气平均温度随空间尺寸的变化（热源功率1000W）

取7种微型建筑室内空间尺寸，分别为3m×3m，3m×2.5m，3m×2m，3m×1.5m，2.5m×2.5m，2m×2m和1.5m×1.5m。

添加各种功率热源的情况下，室内空气平均温度随建筑空间尺寸的变化规律如图2-27和图2-28所示。从图中可以看出，在同一功率下，随空间尺寸减小，空气的平均温度均呈上升趋势，这是因为在热功率相同的情况下，当空间尺寸缩小，室内空气容积减小，平均温度就会上升，室内热量积聚效应更强。因此可以认为，在微型建筑房间内存在同样功率热源的时候，建筑空间越小，越有利于冬季房间的保暖，但在夏季却会使房间内更热，起到负面作用。

从图2-27和图2-28中还可以看出，各个空间尺寸下空气平均温度均随着功率增大而增大，且都近似呈线性关系，但是空间尺寸越小，斜率越小，说明温度增长的幅度随尺寸减小而减弱。这是因为围护结构虽然敷设了保温材料，但仍会有一些热量向室外散失，随着室内空气温度的升高，室内外温差变大，所以向室外的散热越大。

为进一步了解室内不同位置的温度分布，并着重关注人体附近的空气温度，选取房间的四个截面，分别为0.2m高度水平截面（标准人体站姿小腿处）、0.6m高度水平截面（标准人体站姿手部处）、1.2m高度水平截面（标准人体站姿额头处）和经过人体对称轴的垂直截面，对微型建筑室内空气温度进行数值模拟。模拟时采取不同的空间尺寸，并选择不同功率的热源。其中热源功率为1000W时各截面平均温度、人体附近温度以及人体垂直温差的汇总情况见表2-5。

微型建筑各截面平均温度、人体附近温度和人体垂直温差（热源功率1000W）　表2-5

热源功率1000W	微型建筑空间尺度			
	3.0m×3.0m	3.0m×2.0m	2.0m×2.0m	1.5m×1.5m
0.2m高度空气平均温度（℃）	14.1	15.6	16.7	19.2
小腿附近空气平均温度（℃）	14.2	15.5	16.8	19.8
0.6m高度空气平均温度（℃）	13.3	14.3	15.2	17.4
手部附近空气平均温度（℃）	13.6	15.0	16.1	18.3
1.2m高度空气平均温度（℃）	13.1	13.9	14.7	16.6
额头附近空气平均温度（℃）	13.5	14.3	15.2	17.9
纵截面空气平均温度（℃）	13.0	13.8	14.7	16.6
人体垂直温差（℃）	0.5	0.7	1.3	1.6

对以上各种工况各个截面温度的数据进行综合对比分析，可得出以下结论：

（1）由于人体热源对附近空气的加热作用，人体各部位附近的空气温度均略高于此高度下的空气平均温度。

（2）在微型建筑水平方向截面上，在相同热源功率下，各个截面平均空气温度及人体各部位附近空气平均温度均随空间尺度的变小而变大。当截面高度越大，空间尺度变小时，温度变化相对越小。

（3）在微型建筑水平方向截面上，在相同热源功率下，当空间尺度变小时，小腿部位附近空气平均温度增幅高于手掌和额头的附近空气平均温度增幅，这是因为小腿离热源最近。当空间变小时，热源离小腿距离变近，受到热源的辐射和对流相较于其他两个部位更大。

（4）在微型建筑垂直方向截面上，相同热源功率下，当空间尺度变小，人体的垂直温差变大，且差值随热源功率的变大而变大。这种人体头部和腿部之间的温度差异会导致人体热感觉的不均衡，从而对人体的热舒适性产生不利的影响。

2.6.3　建筑空间尺寸与围护结构内表面温度的关系

对于微型建筑，由于人体与围护结构非常贴近，围护结构对于人体的辐射换热角系数较大，两者之间的辐射传热作用更加明显，因而人体热舒适感觉更大程度上受到围护结构内表面温度的影响。对于微型建筑的围护结构内表面温度，则直接受到室内热源辐射传热的影响。图2-29反映出微型建筑内墙体、天花板和地板内表面平均温度在不同热源功率和不同空间尺寸情况下的变化规律。可以看出，当建筑尺寸不变时，墙体、天花板和地板的内表面平均温度均随热源功率的增加而增加，且近似呈线性关系，与空气平均温度的变化规律基本

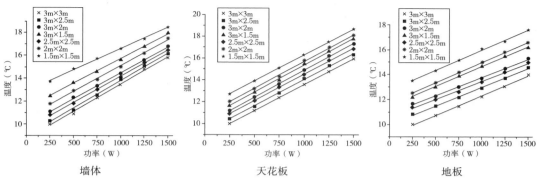

图2-29　微型建筑围护结构内表面温度随建筑空间尺寸的变化

一致。另外，在同一功率下，空间尺寸越小，墙体、天花板和地板的内表面平均温度越高，这也与空气温度的变化规律基本相同。这是因为室内空气温度的变化会导致空气与围护结构的对流换热作用发生改变，从而使围护结构内表面温度随之发生相应变化。

将图2-27和图2-29进行综合对比，可得出室内不同位置围护结构表面温度分布的规律。对于功率较低（≤750W）且尺寸相对较大（≥6m²）的工况，温度分布规律为空气平均温度＞地板平均温度＞天花板平均温度＞墙体平均温度；对于功率较低（≤750W）且尺寸相对较小（<6m²）的工况，温度分布规律为空气平均温度＞墙体平均温度＞地板平均温度＞天花板平均温度；而对于功率较高（≥1000W）的工况，在各种尺寸下，温度分布规律均为空气平均温度＞天花板平均温度＞墙体平均温度＞地板平均温度。所有情况的空气平均温度均高于围护结构内表面平均温度，这是因为在室内有热源的情况下，室外空气温度低于室内空气温度，室内向室外进行传热，而围护结构位于室内空气和室外空气之间，其与室外空气之间的传热温差必然会小于室内外空气之间的传热温差。由于热源设置在地面，当热源功率较低时，热空气首先会积聚于地面附近，导致地面平均温度最高；随着尺寸的变小，热源与墙壁贴近，两者之间的辐射角系数逐渐增大，使墙壁吸收的辐射热也快速增加，导致墙体的内表面平均温度超过地面；而当热源功率较高时，热气流向上浮升并积聚于房间顶部，导致天花板表面的平均温度最高。

总之，对于微型建筑空间，室内的热量积聚效应更加明显，而且垂直方向的温度分布规律与普通建筑并不完全相同。在小空间中，设备、灯光、人体等热源对围护结构内表面的辐射作用明显增强，使围护结构表面温度更高，进而对室内空气进行对流传热的作用也更强。

2.6.4　建筑空间尺寸与人体皮肤温度的关系

人体皮肤温度通常是指包括皮肤、皮下组织和肌肉等的人体表层温度，是反映环境气候条件、人体活动和服装对人体影响的重要生理指标，对于研究人体与环境的热交换具有重要的意义。由于皮肤散热条件良好，所以皮肤温度一般小于人体核心温度。人体的核心温度一般比较稳定，但皮肤温度却会随着外界环境的变化而呈现出较为明显的变化，例如对于同一个人的同一个部位，冬季的皮肤温度通常都会低于夏季的皮肤温度。另外，人体不同部位的皮肤温度也具有较为明显的差异，例如对于同一个人在同样的外部环境下，足部的温度通常都会低于胸部的温度。

人体皮肤温度对于研究人体与环境的热交换具有重要的意义，直接影响着人体的散热量。对于微型建筑，空间尺寸变化所导致的皮肤温度变化，将在更大程度上对人体的热感觉和热舒适产生影响。在人体散热量的计算中，一般采用人体皮肤的平均温度，考虑到人体不同部位的传热特点，平均温度的测定方法为按照测点所在部位的皮肤占人体皮肤总面积比率进行加权平均，包括3点法、4点法、6点法、7点法和10点法等，而目前所广泛采用的7点法，是选取额头、胸、前臂、手掌、大腿、小腿、脚底这7个部位作为体表温度测点，人体皮肤温度测点分布图见图2-30。人体皮肤平均温度的计算式如下[6]：

$$t_{msk} = 0.07t_{额头} + 0.35t_{胸} + 0.14t_{前臂} + 0.05t_{手掌} + 0.19t_{大腿} + 0.13t_{小腿} + 0.07t_{脚底} \quad （2-15）$$

式中　t_{msk}——人体皮肤平均温度，℃。

对于体表局部温度的测量方法，通常有直接测量和间接测量两种方法，直接测量法是将若干皮肤温度感测器（如热电偶、热敏电阻等）贴于人体不同部位，然后由各点测得皮肤温度；间接测量法则是借助红外摄像仪将人体各部位的皮肤温度用不同的色彩显示到屏幕上，但是无法对着装人体的皮肤温度进行测试。

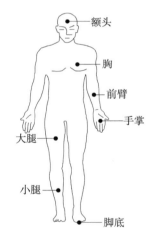

图2-30　人体体表温度测点分布图

在冬季典型工况下，选取500W、1000W、1500W、2000W这四种功率，选取3m×3m、3m×2m、2m×2m、1.5m×1.5m这四种建筑空间尺度，对人体皮肤温度进行测试。测试中要求受试者统一着装（保暖内衣、厚毛衣、秋裤、牛仔裤、厚棉袜、运动鞋），总服装热阻约为1.50clo，受试者进入微型建筑之后静坐20min，以尽量消除外界环境所带来的影响。

图2-31为在四种热源功率下，人体各个部位在不同空间尺寸下的皮肤温度分布图，对其进行分析，可以得到以下主要结论：

（1）对于所有工况，均是以胸部温度最高，其次是额头，手部的温度最低。

（2）当热源功率增大时，对于同一空间尺寸，额头和手掌的温度上升幅度相较于其他部位最大。这是因为额头和手掌裸露在空气中，直接受到热源的辐射温升较大，而其他部位则有衣物覆盖。

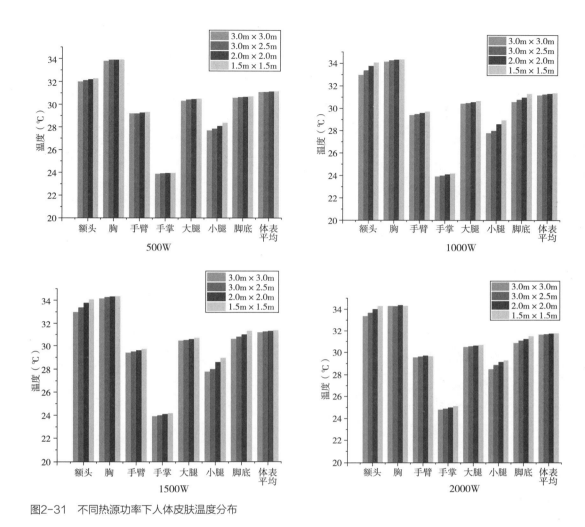

图2-31　不同热源功率下人体皮肤温度分布

（3）当热源功率为500W，只有小腿有较明显的变化；当热源功率为1000W到2000W范围内，可以发现额头、小腿、脚底均产生较明显的变化。这是因为当热源功率较小时，热气流主要集中在房间下方，所以额头部分无明显变化；当空间变小时，小腿距离热源变近，其温度上升较明显；而脚底属于人体肢体最末端，相对于人体其他部位代谢比较低，当空间尺寸变小，受到热环境的影响更大。

（4）热源功率从1000W到2000W变化过程中，各个部位以最大空间尺寸和最小空间尺寸的温度进行比较，可以得到额头、小腿、脚底的温度增幅先变大后变小，说明当热源为2000W时，人体已经在通过一些人体自我调节方式使温度趋于平稳。

在不同空间尺寸和不同热源强度下，由FLIR-TG165热成像仪拍摄出的图像如图2-32所示。由这16张图中可以看出，房间表面平均温度随着热源功率的增大而增大，而当热源功率

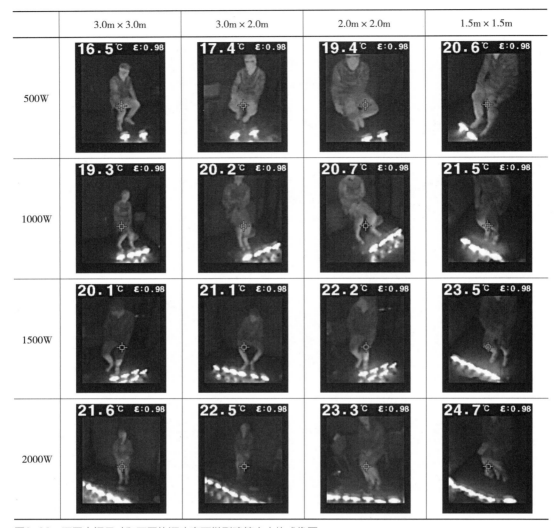

图2-32 不同空间尺寸和不同热源功率下微型建筑室内热成像图

相同时，随着空间尺寸变小，房间表面平均温度上升。房间表面平均温度的上升，很大程度上是因为服装表面温度的上升，虽不能将服装表面温度等同于人体表面温度，但是由于热量可通过服装及服装与皮肤之间的空气间层最后传到皮肤上，所以服装表面的温度在一定程度上可以影响人体表面温度，此图像所反映出的规律与实验测试结果基本相同，因而可间接地为实验测试得出的结论进行佐证。

2.6.5 建筑空间尺寸与人体主观参数的关系

冬季典型工况下，在微型建筑中设定不同功率热源，各种空间尺寸下人体热感觉投票TSV和热舒适投票TCV的变化规律如图2-33所示。对于人体热感觉TSV，同一功率下，随着

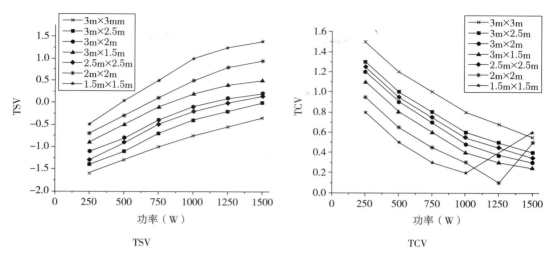

图2-33　微型建筑室内TSV和TCV随空间尺寸的变化

尺寸减小，TSV增大，人越感觉热。随着功率增大，各个尺寸下TSV均变大，而由于向室外散热的缘故，TSV增长幅度逐渐减缓，这个结果所反映出的规律与室内温度的变化规律基本一致。对于人体热舒适投票TCV，在大部分情况下，随功率增大或随尺寸变小，TCV呈现递减的趋势，即人体逐渐感到舒适。但在空间面积最小的两种工况下，TCV出现了临界点，当空间面积为2.25m^2（1.5m × 1.5m）时，功率超过1000W后TCV上升，当空间面积为4.00m^2（2m × 2m）时，功率超过1250W后TCV上升。这是因为在建筑空间尺寸很小的时候，建筑内出现了偏热的情况，随着热源功率增加，人反而会觉得不舒适。

在普通的建筑空间内，室外温度在8℃～10℃范围内，功率1000W左右的散热器通常不会使室内感到偏热，但从上述的测试和问卷调查结果可知，在建筑空间尺寸很小时，同样功率下，室内空气平均温度达到了舒适温度，而且人体主观感觉出现了偏热的情况。这种偏热感觉来自于空气热对流、热源辐射和围护结构辐射等各方面，尤其是高温热源对人体局部部位的热辐射，在一定程度上影响了人体热感知的投票结果，另外，这种热感知也必然会包括一些人的生理和心理因素。建筑环境应以人为本，因而对于这种小空间的建筑，对TSV和TCV等主观参数进行考察是尤为重要的。

在微型建筑冬季典型工况下，选取不同尺寸的建筑空间，在不同热源强度下，对人体局部体热感觉和热舒适展开问卷调查，局部TSV和TCV的统计结果如图2-34。

通过对图2-34的分析，可以得出以下结论：

（1）在相同热源功率下，人体局部各部位TSV均随空间尺寸变小而变大，且空间尺寸越小，人体各部位之间的TSV差值变小，且各部位局部TSV更接近于整体TSV。

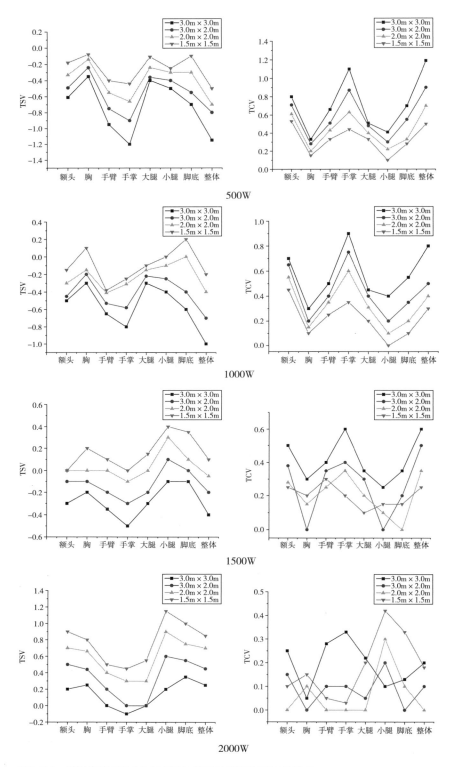

图2-34 微型建筑室内人体局部TSV和TCV随空间尺寸的变化

（2）当热源功率为500W、1000W和1500W时，人体整体TSV与手掌的TSV最为相近，当热源功率为2000W时，人体整体TSV与额头的TSV最为相近。

（3）当热源功率为500W和1000W时，人体局部和整体的TSV和TCV基本保持一致，TCV同样随着空间变小而变大，且空间越小时，各部位TCV更接近于整体TCV。当热源功率为1500W和2000W时，人体局部和整体TSV和TCV发生分离现象，且空间尺寸越小，这种分离现象越明显。

（4）在所测的16种工况中，人体热感觉投票最"适中"工况为热源功率1500W、建筑空间尺寸2.0m×2.0m；人体热舒适投票最"舒适"的工况为热源功率2000W、建筑空间尺寸2.0m×2.0m。

2.6.6　建筑空间尺寸与人体生理参数的关系

建筑室内热环境不仅仅会影响到人体的皮肤温度，还会对体内的各个器官系统产生影响，其中心血管系统是影响最大的，也是在人体热舒适方面最应关注的问题。对于心血管系统的生理体征参数，最重要的是人的心率和血压。心率是指正常人安静状态下心脏每分钟跳动的次数，可反映出环境温度和劳动强度对机体所造成的热负荷大小及心血管系统的紧张程度，会随年龄、性别、生理状态、环境状态等存在差异，健康人体正常波动范围为60～100次/min，血压是指人的心脏收缩或舒张时血液对血管壁所产生的压力，可用来判断心脏功能和血管的阻力，分为收缩压和舒张压，成人的收缩压正常范围一般在90～139mmHg，舒张压正常范围一般在60～89mmHg。

目前，心率参数和血压参数已被广泛应用于热环境变化下的生理状态测试分析中。例如在较热环境下，散热中枢活动增强引起皮肤血管扩张，血流量增加，血管末梢阻力下降，会致使血压降低。当环境温度超过人体温度时，由于人体无法散热导致机体紧张，心率会有所上升。

这两种指标的测定仪器可采用病人多参数监护仪，见图2-35。其中测量心率采用五导联线，见图2-36，电极安放位置采用美国标准的五导联线的电极安放位置，RA电极安装在右肩锁骨，LA电极安装在左肩锁骨，RL电极安装在右下腹，LL电极安装在左下腹，V电极安装在胸壁上，见图2-37；测量血压选用无创血压袖带，连续测量且时间间隔为1分钟，测量误差为±5mmHg。

人体生理参数测试见图2-38和图2-39。

由病人多参数监护仪心率测出的人体心电图见图2-40。由图可以看出，热源功率为1000W下，同一受试者在四个不同空间尺寸下，大部分心率都维持在80次/min左右，并未见有较大的波动，说明建筑空间尺寸对人体的心率没有显著影响，心率对空间尺寸的变化灵敏度不高。

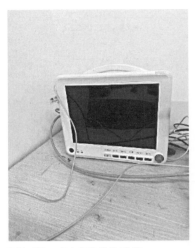

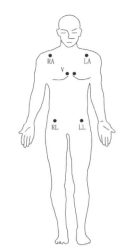

图2-35　病人多参数监护仪　　　　图2-36　五导联线图　　　　图2-37　五导联线电极安放图

图2-38　人体生理参数测试　　　　　　　图2-39　生理参数数据记录

　　由于血压相比于体表温度和心率，样本个体差异较大，所以将样本分为两组，当收缩压<120mmHg，舒适张压<80mmHg列为血压正常组；当收缩压120~139mmHg，舒适张压80~90mmHg为血压正常偏高组。高血压病患者由于样本差异太大，且代表性较弱，故不宜参与测试。

　　图2-41和图2-42为病人多参数监护仪心率测出的血压变化图。由图可知，当热源功率1000W时改变建筑空间尺寸，血压正常组的受试者收缩压和舒张压波动并不大，收缩压维持在100mmHg左右，舒张压维持在60mmHg左右。但是对于血压正常偏高组，当热源功率1000W时改变建筑空间尺寸，根据样本的统计分析，可知空间尺度对血压具有显著影响。在空间尺度为3.0m×3.0m时，舒张压约为125mmHg，收缩压约为80mmHg；在空间尺度为

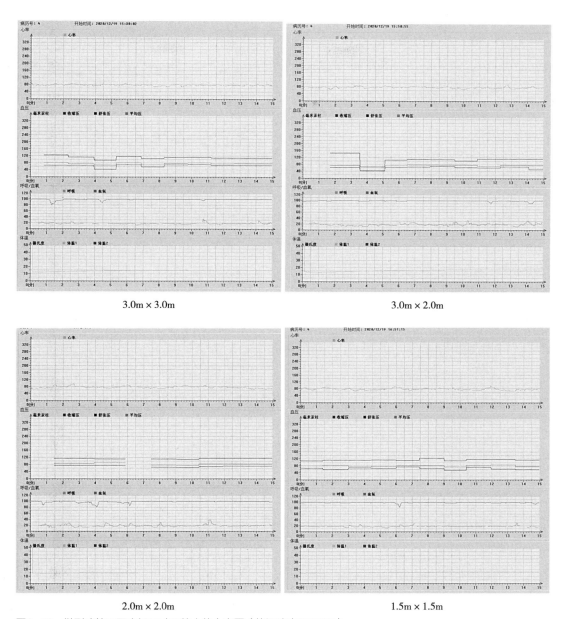

图2-40　微型建筑不同空间尺寸下的人体心电图（热源功率1000W）

1.5m × 1.5m时，舒张压约为140mmHg，收缩压约为95mmHg，舒张压增幅约为12%，收缩压增幅约为18.75%。

　　根据前文的实测结果，当热源功率为2000W时，空间尺寸1.5m × 1.5m比空间尺寸3.0m × 3.0m室内空气平均温度约高2℃。在一般性建筑内，空气温度每增加1℃，收缩压大约降低1.3mmHg，舒张压大约降低0.6mmHg，但在微型建筑内，血压随空气温度改变的幅度明

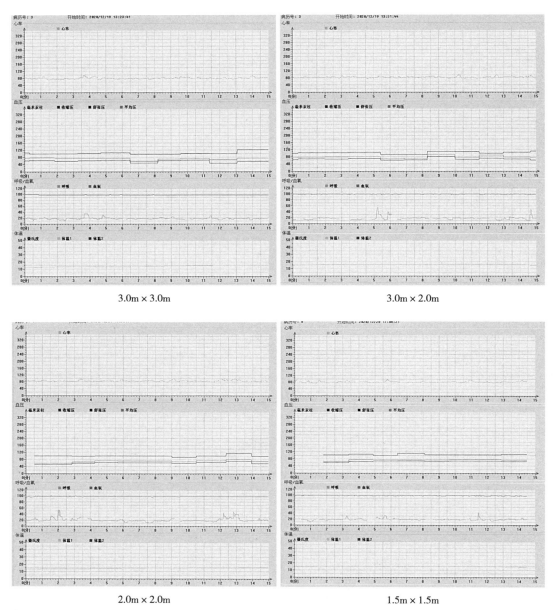

3.0m × 3.0m   3.0m × 2.0m

2.0m × 2.0m   1.5m × 1.5m

图2-41　微型建筑不同空间尺寸下的人体血压图（血压正常组，热源功率1000W）

显增大。这是由于微型建筑内热源与脸、额头等裸露皮肤距离非常近，这种距离的贴近感可能会给人体的心理上带来某种不舒适的感觉，从而映射到生理的层面，这在一定程度上可能会导致血压上升，热源功率越大，这种影响将愈加明显。另一方面，小空间尺寸还容易给受试者带来心理上的压迫感和紧张感，同样也可能会导致血压上升，而这种影响对于本身血压略偏高的受试者会愈加明显。

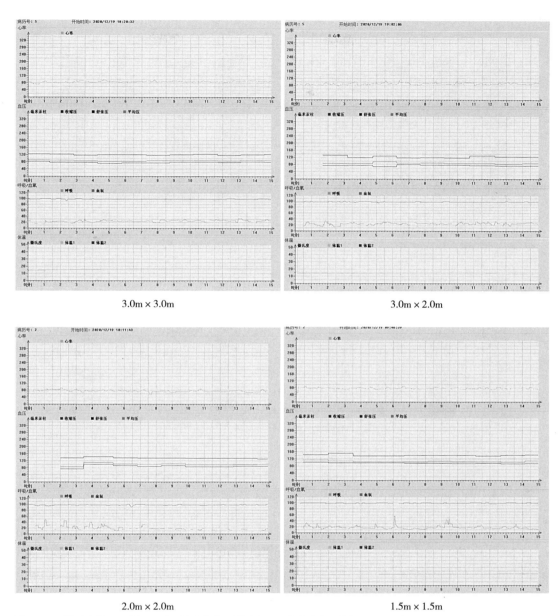

3.0m × 3.0m　　　　　　　　　　　　3.0m × 2.0m

2.0m × 2.0m　　　　　　　　　　　　1.5m × 1.5m

图2-42　微型建筑不同空间尺寸下的人体血压图（血压正常偏高组，热源2000W）

2.6.7　建筑空间尺寸与人员热期望的关系

当周围环境使人产生不舒适的感觉，人们会期望向恢复自身舒适的方向发展。热期望一般是指人们对热环境改善方式的期望，分为三个选项，变化范围在−1和1之间，−1对应为"凉一点"，0对应为"保持不变"，1对应为"暖一点"。

选取20名测试者，在冬季典型气象条件下，在不同空间尺寸和不同热源强度下，按取16

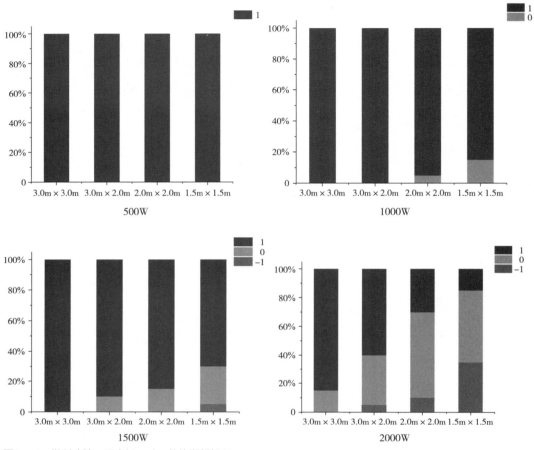

图2-43　微型建筑不同空间尺寸下的热期望投票

种工况进行问卷调查，得到测试者热期望数据如图2-43。

　　从图2-43中可以看出，在热源功率为500W时，由于室内温度普遍低于人体舒适温度，所有工况下测试者均选择"暖一点"；在热源功率超过1000W时，开始出现希望"保持不变"的选择，随着建筑空间尺寸变小，选择"保持不变"的人数增加；在热源功率超过1500W时，由于室内温度渐趋适中，"保持不变"的选择者更多，并开始出现选择"凉一点"的测试者，随着热源功率的继续增加和建筑空间变小，选择"凉一点"的测试者均逐渐增多，在热源功率2000W、空间尺寸1.5m×1.5m下，期望"凉一点"的人甚至超过了期望"暖一点"的人。

2.6.8　建筑空间尺寸与人员压迫感的关系

　　近年来，建筑空间尺度对人体心理影响的研究逐渐多元化，压迫感作为一种对人体热舒适产生影响的因素，也被纳入建筑热环境的研究范畴之内。当建筑空间尺度低于正常范围，

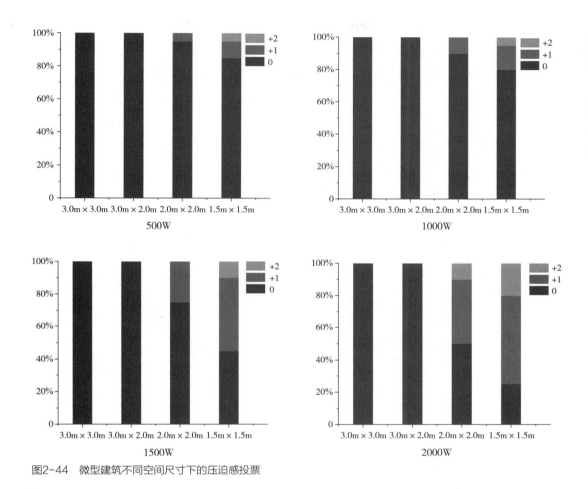

图2-44　微型建筑不同空间尺寸下的压迫感投票

压迫感对人体心理的影响更为突出，甚至会引起情绪低落甚至悲观的感觉，进而对人体热舒适产生影响。

对微型建筑空间压迫感的研究中，选项变化范围为0～+3，分别对应选项为：0为无压迫感；+1为轻度压迫感；+2为中度压迫感；+3为重度压迫感。

不同空间尺度在各个热源功率下压迫感投票所占比例的关系，如图2-44所示。

从图2-44中可知，所有热源功率下，当空间尺寸为3.0m×3.0m和3.0m×2.0m时，所有受试者投票均为无压迫感（0）。对于空间尺寸为2.0m×2.0m和1.5m×1.5m这类小尺寸空间，当空间尺寸不变时，选择轻度压迫感（+1）以及中度压迫感（+2）的受试者比例随功率增加而增加；当热源功率不变时，选择轻度压迫感（+1）以及中度压迫感（+2）的受试者比例随空间尺度的变小而增加。当热源功率为2000W，空间尺寸为1.5m×1.5m时，约有75%的受试者感受到不同程度的压迫感。由此可见，空间压迫感与热源功率以及空间尺度有密切关系。当空间尺度变小后，人们心理上产生压迫感；而热源达到一定功率时，人的生理参数会发生变化，而生理参数变化也会影响心理的变化，从而加重这种压迫感，这也从侧面印证了在人体热舒适的研究中，物理学、生理学和心理学不是孤立的，而是相互重叠的。

参考文献

［1］P. O. Fanger. Thermal Comfort［M］. Robert E. Krieger Publishing Company，Malabar，FL，1982.

［2］李百战，郑洁，姚润明，等. 室内热环境与人体热舒适［M］. 重庆：重庆大学出版社，2012.

［3］魏润柏，徐文华. 热环境［M］. 上海：同济大学出版社，1994.

［4］国家质量监督检查检疫总局. 服装热阻测试方法　暖体假人法（GB/T 18398—2001）［S］. 北京：中国标准出版社，2001.

［5］陆耀庆. 实用供热空调设计手册［M］. 北京：中国建筑工业出版社，2008.

［6］J. Gartner，F. Gray. Assessment of the impact of HVAC system configuration and control zoning on thermal comfort energy efficiency in flexible office spaces［J］. Energy and Buildings，2020，212：1–11.

第3章 微型建筑室内热环境复合传热过程

3.1 微型建筑辐射换热体系

3.1.1 微型建筑辐射换热的特点

微型建筑中，由于室内空间相对狭小，围护结构、家具、人体等各个表面之间非常贴近，较之于一般建筑，微型建筑各个表面之间的辐射换热作用明显增强，固体表面对辐射热量的吸收特性会影响到这些表面的整体和局部温度，并进一步通过对流换热而影响到室内空气温度。更为重要的是，人体与其他表面之间的辐射换热，还会显著影响着人体的热感觉和热舒适。当微型建筑室内存在冷热源的时候，冷热源、人体和其他表面将组成一个封闭的辐射换热体系，彼此之间的辐射热交换非常复杂，此时，仅仅使用"平均辐射温度"的概念来描述人体和热辐射相关的特征，显然是不够准确、也是不够完善的，需要基于微型建筑的特点，兼而考虑围护结构向室外散热的因素，对其传热过程进行详细分析，建立数学模型，并在不同空间尺度的情况下对其加以求解，力图为微型建筑室内热环境的研究分析提供理论支撑。

3.1.2 建筑—人体—热源综合辐射换热网络

3.1.2.1 数学模型简化假设

由于影响微型建筑室内热环境的因素众多，为便于数学模型的建立和求解，作出如下假设：

（1）传热模型为稳态传热，不考虑周期性导热和蓄热的因素；

（2）室内空气为常物性不可压缩牛顿流体，按照集总热容体考虑；

（3）人体和热源简化为六面体，其中下底面与地面完全重合，不存在与其他表面之间的热辐射，另外五个面存在与其他表面之间的热辐射（若存在冷源，则将其视作负的热源）；

（4）人体和热源近似视作恒定热流物体，人体以站姿位于房间正中央，热源单面发热，发热面面向后墙并与后墙墙面平行；

（5）空气渗透作用仅考虑门缝处；

（6）围护结构简化为单层保温墙体，热导率按常数处理，为墙体各层材料热导率的加权平均值；

（7）室外空气与外墙外表面之间的对流换热系数按常数处理。

3.1.2.2　辐射换热网络图

为了对微型建筑房间内各个表面温度和相互之间的辐射换热量进行分析和求解，首先需要建立房间内的辐射换热网络。将独体式微型建筑视作一个长方体，围护结构包括六个表面，分别为天花板、左墙、右墙、前墙、后墙和地板，当室内存在人体和热源时，人体和热源各自视作一个独立表面，八个表面之间组成一个密闭空腔。

由于参与辐射换热的这八个表面之间温差并不过分悬殊，可以把这八个表面均视作漫射灰表面，天花板、左墙、右墙、前墙、后墙、地板、人体和热源的灰体有效辐射依次为 J_1–J_8（W/m²）。每个表面的有效辐射传热量与其作为同温度黑体时的辐射传热量之间均存在一个表面热阻，每两个表面的有效辐射传热量之间均存在一个空间热阻。由于地板下方为大地，是一种典型的半无限大物体，地板向室外的传热远小于其他五面围护结构，所以可以近似视作绝热表面。人体和热源在单位时间内的发热量是比较稳定的，所以可以视作恒热流物体，其表面亦为恒热流表面。在辐射换热网络图中，对于绝热表面，将不连接外源，形成浮动节点；而对于恒热流表面，则是不存在表面热阻，而直接标示出该表面发射出的热流量。经过这些简化之后，可得出八个表面的辐射换热网络图，以天花板有效辐射 J_1 节点为例，画出辐射传热网络图（图3–1）。

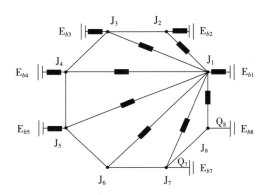

图3-1　天花板的辐射换热网络示意图

3.1.2.3　辐射换热节点热平衡方程

根据基尔霍夫定律，流入每个节点的热流总和等于零，据此可列出为 J_1–J_8 的节点热平衡方程，其中天花板的节点方程为：

$$\frac{J_i - E_{bi}}{\frac{1 - \varepsilon_i}{\varepsilon_i A_i}} + \frac{J_2 - J_i}{\frac{1}{X_{i,2} A_i}} + \frac{J_3 - J_i}{\frac{1}{X_{i,3} A_i}} + \frac{J_4 - J_i}{\frac{1}{X_{i,4} A_i}} + \frac{J_5 - J_i}{\frac{1}{X_{i,5} A_i}} + \frac{J_6 - J_i}{\frac{1}{X_{i,6} A_i}} + \frac{J_7 - J_i}{\frac{1}{X_{i,7} A_i}} + \frac{J_8 - J_i}{\frac{1}{X_{i,8} A_i}} = 0 \tag{3-1}$$

式中　E_{bi}——表面i的黑体辐射力，W/m²；

　　　　ε_i——表面i的发射率；

　　　　A_i——表面i的面积；

　　　　$X_{i,j}$——表面i对于表面j的角系数。

对于表面i的黑体辐射力，应遵循斯蒂芬—玻尔兹曼定律

$$E_{bi} = \sigma_b T_i^4 \tag{3-2}$$

式中　σ_b——黑体辐射常数，$5.67 \times 10^{-8}\,W/(m^2 \cdot K^4)$；

　　　T_i——表面i的内表面温度，K。

对于天花板J_1，化简后可得到

$$\frac{\varepsilon_1}{1-\varepsilon_1}(J_1 - \sigma_b T_1^4) + X_{1,2}(J_2 - J_1) + X_{1,3}(J_3 - J_1) + X_{1,4}(J_4 - J_1) + X_{1,5}(J_5 - J_1)$$
$$+ X_{1,6}(J_6 - J_1) + X_{1,7}(J_7 - J_1) + X_{1,8}(J_8 - J_1) = 0 \quad (3\text{-}3)$$

类似的，可写出左墙J_2、右墙J_3、前墙J_4、后墙J_5和地板J_6的节点热平衡方程如下，

$$\frac{\varepsilon_2}{1-\varepsilon_2}(J_2 - \sigma_b T_2^4) + X_{2,1}(J_1 - J_2) + X_{2,3}(J_3 - J_2) + X_{2,4}(J_4 - J_2) + X_{2,5}(J_5 - J_2)$$
$$+ X_{2,6}(J_6 - J_2) + X_{2,7}(J_7 - J_2) + X_{2,8}(J_8 - J_2) = 0 \quad (3\text{-}4)$$

$$\frac{\varepsilon_3}{1-\varepsilon_3}(J_3 - \sigma_b T_3^4) + X_{3,1}(J_1 - J_3) + X_{3,2}(J_2 - J_3) + X_{3,4}(J_4 - J_3) + X_{3,5}(J_5 - J_3)$$
$$+ X_{3,6}(J_6 - J_3) + X_{3,7}(J_7 - J_3) + X_{3,8}(J_8 - J_3) = 0 \quad (3\text{-}5)$$

$$\frac{\varepsilon_4}{1-\varepsilon_4}(J_4 - \sigma_b T_4^4) + X_{4,1}(J_1 - J_4) + X_{4,2}(J_2 - J_4) + X_{4,3}(J_3 - J_4) + X_{4,5}(J_5 - J_4)$$
$$+ X_{4,6}(J_6 - J_4) + X_{4,7}(J_7 - J_4) + X_{4,8}(J_8 - J_4) = 0 \quad (3\text{-}6)$$

$$\frac{\varepsilon_5}{1-\varepsilon_5}(J_5 - \sigma_b T_5^4) + X_{5,1}(J_1 - J_5) + X_{5,2}(J_2 - J_5) + X_{5,3}(J_3 - J_5) + X_{5,4}(J_4 - J_5)$$
$$+ X_{5,6}(J_6 - J_5) + X_{5,7}(J_7 - J_5) + X_{5,8}(J_8 - J_5) = 0 \quad (3\text{-}7)$$

$$\frac{\varepsilon_6}{1-\varepsilon_6}(J_6 - \sigma_b T_6^4) + X_{6,1}(J_1 - J_6) + X_{6,2}(J_2 - J_6) + X_{6,3}(J_3 - J_6) + X_{6,4}(J_4 - J_6)$$
$$+ X_{6,5}(J_5 - J_6) + X_{6,7}(J_7 - J_6) + X_{6,8}(J_8 - J_6) = 0 \quad (3\text{-}8)$$

由于人体近似处理为恒热流表面，J_7的节点热平衡方程为

$$\alpha_{r7} Q_7 = \frac{J_1 - J_7}{\dfrac{1}{X_{7,1} A_7}} + \frac{J_2 - J_7}{\dfrac{1}{X_{7,2} A_7}} + \frac{J_3 - J_7}{\dfrac{1}{X_{7,3} A_7}} + \frac{J_4 - J_7}{\dfrac{1}{X_{7,4} A_7}} + \frac{J_5 - J_7}{\dfrac{1}{X_{7,5} A_7}} + \frac{J_6 - J_7}{\dfrac{1}{X_{7,6} A_7}} + \frac{J_8 - J_7}{\dfrac{1}{X_{7,8} A_7}} \quad (1)$$

式中　Q_7——人体散热量，W；

　　　α_{r7}——辐射传热在人体散热量中所占的比例，%。

人体对热源的角系数为0，化简得

$$\frac{\alpha_{r7} Q_7}{A_7} = X_{7,1}(J_1 - J_7) + X_{7,2}(J_2 - J_7) + X_{7,3}(J_3 - J_7) + X_{7,4}(J_4 - J_7) + X_{7,5}(J_5 - J_7)$$
$$+ X_{7,6}(J_6 - J_7) \quad (3\text{-}9)$$

热源与人体的节点热平衡方程类似，由于热源对前墙和人体角系数为0，简化后J_8的节点热平衡方程为

$$\frac{\alpha_{r8} Q_8}{A_8} = X_{8,1}(J_1 - J_8) + X_{8,2}(J_2 - J_8) + X_{8,3}(J_3 - J_8) + X_{8,5}(J_5 - J_8) + X_{8,6}(J_6 - J_8) \quad (3\text{-}10)$$

式中　Q_8——热源散热量，W；

　　　α_{r8}——辐射传热在热源散热量中所占的比例，%。

以上八个表面的节点热平衡方程中，可以将每个表面的有效辐射J作为未知数，构成一

个方程组，但若要求解这个方程组，首先还需要解决以下三个问题。

第一，必须计算出每两个表面之间的角系数$X_{i,j}$，对于这个已经经过一定简化的辐射网络模型，角系数的计算仍是比较复杂的，尤其是人体与其他表面之间的角系数。人体是一个形状极其不规则的物体，需要采用一种较为合适的方法加以处理，使计算结果尽量精确可信。

第二，由于微型建筑的围护结构会向室外进行传热，这个传热量与室内外的温差有关，所以围护结构内表面温度T_i并非确定值，在这一点上，辐射网络计算方法和一般性的辐射换热网络计算方法是不一样的，必须同时列出围护结构向室外传热的方程，与辐射换热节点热平衡方程相耦合。

第三，在人体和热源的散热量中，只有一部分是通过辐射传热的方式传递给其他表面的，另外一部分则是通过对流传热的方式传递给室内的空气，辐射传热量和对流换热量之间的比例关系可用α_{r7}和α_{r8}这两个系数来表示，若要确定这两个系数的具体数值，还需要考虑室内的对流传热，必须补充室内空气的热平衡方程。

由于以上三个问题，基于建筑—人体—热源的微型建筑室内热环境传热模型还需要进行进一步的补充，在下面三节中予以介绍。

3.2 角系数的求取

3.2.1 角系数的概念

角系数作为辐射传热中涉及空间尺寸和位置的参数，是指离开某个表面的辐射能中直接落到另一个表面上的百分数（图3-2），定义式为：

$$X_{1,2} = \frac{1}{A_1} \int_{A_1} \int_{A_2} \frac{\cos\theta_1 \cos\theta_2}{\pi \cdot r^2} dA_1 dA_2 \qquad (3-11)$$

式中　A_1、A_2——发射、投射辐射能的表面面积，m^2；

　　θ_1、θ_2——发射、投射辐射能的两个表面连线与表面法线方向的夹角，rad；

　　　　r——发射、投射辐射能的两个表面之间的距离，m。

从式（3-11）可以看出，角系数只和发射、投射两个表面的面积大小和这两个表面之间的相对位置有关，是一个纯粹的几何参数。当物体表面为漫表面，温度、发射率和反射率都均匀的时候，即可排除非几何因素，使用角系数这个概念。尽管在实际建筑中并不能完全保证这些使用条件，但由此导致的误差一般都在允许范围之内，所以角系数这个概念仍可被广泛使用。

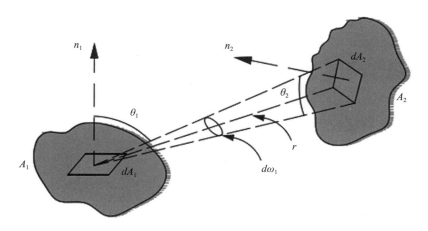

图3-2　任意位置两个表面之间的辐射传热

3.2.2　周线积分法

对于形状和相对位置较为简单的两个表面，角系数可以直接利用定义式（3-11）来计算，但在很多情况下，这种通过对二重面积分公式直接进行四重积分的计算方法，过程往往会非常复杂，甚至有可能得不到结果。周线积分法是指运用Stokes定理把式（3-11）中的二重面积分转化对其封闭边界的二次曲线积分，可将积分运算过程大大简化，公式如下：

$$X_{A_1,A_2} = \frac{1}{2\pi A_1} [\oint_{C_1} dx_1 \oint_{C_2} \ln r dx_2 + \oint_{C_1} dy_1 \oint_{C_2} \ln r dy_2 + \oint_{C_1} dz_1 \oint_{C_2} \ln r dz_2] \qquad （3-12）$$

式中　X_{A_1,A_2}——两个相互可见表面A_1和A_2之间的角系数；

　　　C_1——表面A_1的分段连续边界线，方向满足右手螺旋定则；

　　　C_2——表面A_2的分段连续边界线，方向满足右手螺旋定则；

x_1, y_1, z_1——表面A_1上任意点的坐标值，m；

x_2, y_2, z_2——表面A_2上任意点的坐标值，m；

　　　r——表面A_1上任意点和表面A_2上任意点之间的距离，m；

$$r = \sqrt{(x_2 - x_1)^2 + (y_2 - y_1)^2 + (z_2 - z_1)^2} \qquad （3-13）$$

周线积分示意图如图3-3所示。

由于微型建筑室内空气和围护结构表面温度与空间尺度具有密切联系，各种空间尺度相组合，导致工况繁多，因此，采用周线积分法可较好地优化角系数计算过程，且计算结果更为准确。

3.2.3　相互垂直围护结构表面之间的角系数

围护结构表面A_1的大小和位置用两个点坐标A（A_x, A_y, 0），B（B_x, B_y, 0）表示，点M（x_1, y_1, 0）表示边界C_1上任意一点。围护结构表面A_2的大小和位置用两个点坐标C（0, C_y, C_z），D

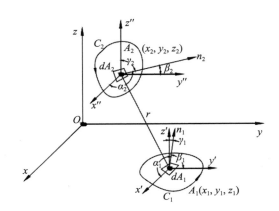

图3-3　周线积分法示意图

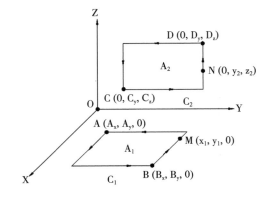

图3-4　相互垂直围护结构表面示意图

$(0, D_y, D_z)$表示，点N$(0, y_2, z_2)$表示边界C_2上任意一点，示意图见图3-4。

C_1在XOY坐标轴上，在Z轴上增量为0，则

$$\oint_{C_1} dz_1 \oint_{C_2} \ln r dz_2 = 0 \tag{1}$$

C_2在YOZ坐标轴上，在X轴上增量为0，则

$$\oint_{C_1} dx_1 \oint_{C_2} \ln r dx_2 = 0 \tag{2}$$

A_1对A_2的角系数可以简化为如下

$$X_{A_1, A_2} = \frac{1}{2\pi A_1} \oint_{C_1} dy_1 \oint_{C_2} \ln r dy_2 \tag{3}$$

M、N两点间的距离为

$$r = \sqrt{x_1^2 + (y_2 - y_1)^2 + z_2^2} \tag{4}$$

首先对C_2进行积分

$$\oint_{C_2} \ln r dy_2 = \int_{C_y}^{D_y} \sqrt{x_1^2 + (y_2 - y_1)^2 + C_z^2} \, dy_2 + \int_{D_y}^{C_y} \sqrt{x_1^2 + (y_2 - y_1)^2 + D_z^2} \, dy_2 \tag{5}$$

化简得

$$\oint_{C_2} \ln r dy_2 = \frac{1}{2} \int_{C_y}^{D_y} \frac{x_1^2 + (y_2 - y_1)^2 + C_z^2}{x_1^2 + (y_2 - y_1)^2 + D_z^2} \, dy_2 \tag{6}$$

由于上述表达式只与x，y有关，记为f(x_1, y_1)，

再对C_1进行积分

$$\oint_{C_1} f(x_1,y_1)dy_1 = \int_{A_y}^{B_y}(B_x,y_1)dy_1 + \int_{B_y}^{A_y}(A_x,y_1)dy_1 \qquad (7)$$

将公式代入A_1对A_2的角系数公式，得到

$$X_{A_1,A_2} = \frac{1}{4\pi A_1}\int_{A_y}^{B_y}dy\int_{C_y}^{D_y}\ln\frac{[(y-x)^2+B_x^2+C_z^2][(y-x)^2+A_x^2+D_z^2]}{[(y-x)^2+B_x^2+D_z^2][(y-x)^2+A_x^2+C_z^2]}dx \qquad (3-14)$$

式中　　$A_1 = (B_x - A_x)(B_y - A_y)$

3.2.4　相互平行围护结构表面之间的角系数

围护结构表面A_1的大小和位置用两个点坐标A（A_x, A_y, 0），B（B_x, B_y, 0）表示，点M（x_1, y_1, 0）表示C_1上任意一点。围护结构表面A_2的大小和位置用两个点坐标C（C_x, C_y, m），D（D_x, D_y, m）表示，点N（x_2, y_2, m）表示C_2上任意一点，详见图3-5。

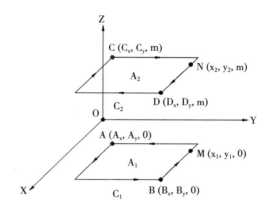

图3-5　相互平行围护结构表面示意图

C_1在XOY坐标轴上，在Z轴上增量为0，则

$$\oint_{C_1}dz_1\oint_{C_2}\ln rdz_2 = 0 \qquad (1)$$

A_1对A_2的角系数可以简化为如下

$$X_{A_1,A_2} = \frac{1}{2\pi A_1}[\oint_{C_1}dx_1\oint_{C_2}\ln rdx_2 + \oint_{C_1}dy_1\oint_{C_2}\ln rdy_2] \qquad (2)$$

M、N两点间的距离为

$$r = \sqrt{(x_2-x_1)^2+(y_2-y_1)^2+m^2} \qquad (3)$$

首先对C_2在X、Y方向分别进行积分

$$\oint_{C_2} \ln r dx_2 = \int_{C_x}^{D_x} \sqrt{(x_2-x_1)^2+(D_y-y_1)^2+m^2}\, dx_2 + \int_{D_x}^{C_x} \sqrt{(x_2-x_1)^2+(C_y-y_1)^2+m^2}\, dx_2 \qquad (4)$$

$$\oint_{C_2} \ln r dy_2 = \int_{C_y}^{D_y} \sqrt{(C_x-x_1)^2+(y_2-y_1)^2+m^2}\, dy_2 + \int_{D_y}^{C_y} \sqrt{(D_x-x_1)^2+(y_2-y_1)^2+m^2}\, dy_2 \qquad (5)$$

化简得

$$\oint_{C_2} \ln r dx_2 = \frac{1}{2}\int_{C_x}^{Dx} \frac{(x_2-x_1)^2+(D_y-y_1)^2+m^2}{(x_2-x_1)^2+(C_y-y_1)^2+m^2}\, dx_2 \qquad (6)$$

$$\oint_{C_2} \ln r dy_2 = \frac{1}{2}\int_{C_y}^{Dy} \frac{(C_x-x_1)^2+(y_2-y_1)^2+m^2}{(D_x-x_1)^2+(y_2-y_1)^2+m^2}\, dy_2 \qquad (7)$$

上两式均是关于x、y的表达式，分别简记为f（x_1，y_1）、g（x_1，y_1），继续对C_1的x、y方向分别进行积分

$$\oint_{C_1} f(x_1,y_1)\, dx_1 = \int_{A_x}^{B_x} (x_1,A_y)\, dx_1 + \int_{B_x}^{A_x} (x_1,B_y)\, dx_1 \qquad (8)$$

$$\oint_{C_1} g(x_1,y_1)\, dy_1 = \int_{A_y}^{B_y} (B_x,y_1)\, dy_1 + \int_{B_y}^{A_y} (A_x,y_1)\, dy_1 \qquad (9)$$

将公式代入A_1对A_2的角系数公式，得到

$$X_{A_1,A_2} = \frac{1}{4\pi A_1}\int_{A_x}^{B_x} dy \int_{Cx}^{Dx} \ln \frac{[(y-x)^2+(D_y-A_y)^2+m^2][(y-x)^2+(C_y-B_y)^2+m^2]}{[(y-x)^2+(C_y-A_y)^2+m^2][(y-x)^2+(D_y-B_y)^2+m^2]}\, dx$$

$$+\frac{1}{4\pi A_1}\int_{A_y}^{B_y} dy \int_{Cy}^{Dy} \ln \frac{[(y-x)^2+(C_x-B_x)^2+m^2][(y-x)^2+(D_x-A_x)^2+m^2]}{[(y-x)^2+(D_x-B_x)^2+m^2][(y-x)^2+(C_x-A_x)^2+m^2]}\, dx \qquad (3-15)$$

式中　$A_1 = (B_x-A_x)(B_y-A_y)$

3.2.5　人体与围护结构表面之间的角系数

3.2.5.1　人体模型

人体作为建筑环境学的重点关注对象，研究其辐射传热特征至关重要。但是人体外形非常复杂，而且人体表面之间还会发生相互辐射，这必然会给辐射换热角系数的计算带来困难。目前有三种较好的方法能计算人体与围护结构的角系数：一是利用摄影和器械积分仪测定真实的角系数，比如Fanger教授利用数字积分仪得到人与面的辐射角系数[1]；二是数值模拟，比如胡健等人数值模拟人在辐射空调房间与围护结构的角系数[2]；三是用固体模型（球体、圆柱体、长方体等）代替人体进行角系数计算。

结合人体站立姿态和尺寸特征，用长方体模型代替实际人体进行角系数是比较合理的做法。中国成年男性，平均身高为1.7m，平均体重为62kg，坐姿时平均高度为1.3m。以站姿为

例，以2B、2A、2H分别代表人体的长、宽、高，长方体上表面取距头顶部10cm水平位置，下表面取距脚底部10cm水平位置。设定人体长宽比B/A=2，根据模型表面积等于有效辐射面积的原则，可以得到人体模型的具体尺寸，如图3-6所示。在此基础上，可采用周线积分法，对与人体相关的各个角系数进行推导。

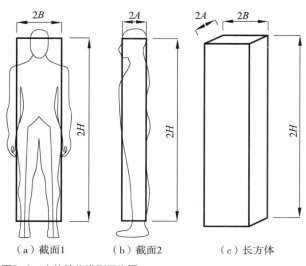

（a）截面1　　（b）截面2　　（c）长方体

图3-6　人体简化模型示意图

3.2.5.2　人体对天花板的角系数

图3-7（a）描述出人体站姿的简化模型与天花板表面的相对位置关系，六面体模型的中心与天花板的中心重合。2L、2W、2F分别代表建筑的长、宽、高，人体模型的三个面A_x、A_y、A_z分别垂直于X轴、Y轴、Z轴，见图3-7（b），A_x'、A_y'、A_z'分别为A_x、A_y、A_z的相对面。

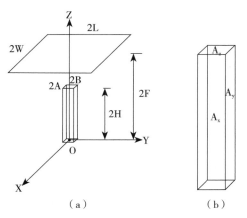

（a）　　　　　　　　（b）

图3-7　人体简化模型与天花板相对位置关系

（1）A_z面对天花板的角系数：

$$X_{A_z, \text{天}} = \frac{1}{2\pi A_z} [\oint_{C_1} dx_1 \oint_{C_2} \ln r dx_2 + \oint_{C_1} dy_1 \oint_{C_2} \ln r dy_2]$$ （1）

计算过程与3.2.4节类似，

$$\oint_{C_2} \ln r dx_2 = \frac{1}{2} \int_{-W}^{W} \frac{(x_2 - x_1)^2 + (L - y_1)^2 + (2F - 2H)^2}{(x_2 - x_1)^2 + (-L - y_1)^2 + (2F - 2H)^2} dx_2$$ （2）

$$\oint_{C_2} \ln r dy_2 = \frac{1}{2} \int_{-L}^{L} \frac{(y_2 - y_1)^2 + (-W - x_1)^2 + (2F - 2H)^2}{(y_2 - y_1)^2 + (W - x_1)^2 + (2F - 2H)^2} dy_2$$ （3）

同理，分别记为$f(x_1, y_1)$、$g(x_1, y_1)$，

$$\oint_{C_1} f(x_1, y_1) dx_1 = \int_{-A}^{A} (x_1, -B) dx_1 + \int_{A}^{-A} (x_1, B) dx_1$$ （4）

$$\oint_{C_1} f(x_1, y_1) dy_1 = \int_{-B}^{B} (A, y) dy_1 + \int_{B}^{-B} (-A, y) dy_1$$ （5）

化简得，

$$X_{A_z, \text{天}} = \frac{1}{16\pi AB} \int_{-A}^{A} dy \int_{-W}^{W} \ln \frac{[(y-x)^2 + (L+B)^2 + (2F-2H)^2][(y-x)^2 + (-L-B)^2 + (2F-2H)^2]}{[(y-x)^2 + (-L+B)^2 + (2F-2H)^2][(y-x)^2 + (L-B)^2 + (2F-2H)^2]} dx$$

$$+ \frac{1}{16\pi AB} \int_{-B}^{B} dy \int_{-L}^{L} \ln \frac{[(y-x)^2 + (-W-A)^2 + (2F-2H)^2][(y-x)^2 + (W+A)^2 + (2F-2H)^2]}{[(y-x)^2 + (W-A)^2 + (2F-2H)^2][(y-x)^2 + (-W+A)^2 + (2F-2H)^2]} dx$$

（3-16）

（2）A_y面对天花板的角系数：

$$X_{A_y, \text{天}} = \frac{1}{2\pi A_y} \oint_{C_1} dx_1 \oint_{C_2} \ln r dx_2$$ （1）

由于A_y面对天花板并不是全部可见，可见面积为$G \times 2W$，其中$G = L - B$，详见图3-8。

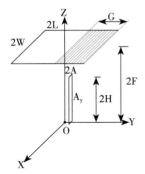

图3-8　表面A_y与天花板相对位置关系

计算过程与3.2.3节类似，

$$\oint_{C_2} \ln r dx_2 = \frac{1}{2} \int_{-W}^{W} \frac{(x_2 - x_1)^2 + (L - B)^2 + (2F - z_1)^2}{(x_2 - x_1)^2 + (L - G - B)^2 + (2F - z_1)^2} dx_2 \tag{2}$$

同理，记为$f(x_1, y_1)$，

$$\oint_{C_1} f(x_1, y_1) dx_1 = \int_{-A}^{A} (x_1, 2H) dx_1 + \int_{A}^{-A} (x_1, 0) dx_1 \tag{3}$$

化简得，

$$X_{A_y, 天} = \frac{1}{16\pi AH} \int_{-A}^{A} dy \int_{-W}^{W} \ln \frac{[(y-x)^2 + G^2 + (2F - 2H)^2][(y-x)^2 + (2F)^2]}{[(y-x)^2 + (2F - 2H)^2][(y-x)^2 + G^2 + (2F)^2]} dx \tag{3-17}$$

（3）A_x面对天花板的角系数：

A_x面与A_y面类似，对天花板并不是全部可见，可见面积为$M \times 2L$，其中$M = W - A$。

推导过程与A_y面与天花板的角系数类似，结果为

$$X_{A_x, 天} = \frac{1}{16\pi AH} \int_{-B}^{B} dy \int_{-L}^{L} \ln \frac{[(y-x)^2 + M^2 + (2F - 2H)^2][(y-x)^2 + (2F)^2]}{[(y-x)^2 + (2F - 2H)^2][(y-x)^2 + M^2 + (2F)^2]} dx \tag{3-18}$$

人体模型对天花板的角系数，等于6个矩形表面与天花板的角系数的加权平均值，即

$$X_{人, 天} = \frac{A_x X_{A_x, 天} + A_y X_{A_y, 天} + A_z X_{A_z, 天} + A_{x'} X_{A_{x'}, 天} + A_{y'} X_{A_{y'}, 天} + A_{z'} X_{A_{z'}, 天}}{A_x + A_y + A_z + A_{x'} + A_{y'} + A_{z'}} \tag{3-19}$$

由于人体以站姿位于天花板的正中央，且人体底面对天花板无直接辐射，即$X_{A_x, 天} = X'_{A_x, 天}$，$X_{A_y, 天} = X'_{A_y, 天}$，$X'_{A_z, 天} = 0$。

化简得，

$$X_{人, 天} = \frac{2A_x X_{A_x, 天} + 2A_y X_{A_y, 天} + A_z X_{A_z, 天}}{2(A_x + A_y + A_z)} \tag{3-20}$$

3.2.5.3　人体对墙壁的角系数

由于人体站立在微型建筑正中央，对四面墙的角系数计算方法类似，所以取对右墙的角系数为例进行推导。图3-9描述人体站姿的简化模型与右墙表面的相对位置关系。

（1）A_y面对右墙的角系数：

$$X_{A_y, 天} = \frac{1}{2\pi A_y} \left[\oint_{C_1} dx_1 \oint_{C_2} \ln r dx_2 + \oint_{C_1} dz_1 \oint_{C_2} \ln r dz_2 \right] \tag{1}$$

其中，

$$\oint_{C_2} \ln r dx_2 = \frac{1}{2} \int_{-W}^{W} \frac{(x_2 - x_1)^2 + (L - B)^2 + (0 - z_1)^2}{(x_2 - x_1)^2 + (L - B)^2 + (2F - z_1)^2} dx_2 \tag{2}$$

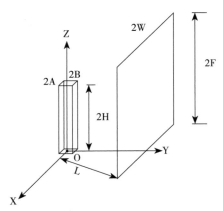

图3-9 人体简化模型与墙壁相对位置关系

$$\oint_{C_2} \ln r\, dz_2 = \frac{1}{2}\int_0^{2F} \frac{(W-x_1)^2+(L-B)^2+(z_2-z_1)^2}{(-W-x_1)^2+(L-B)^2+(z_2-z_1)^2}\, dz_2 \tag{3}$$

同理，分别记为$f(x_1,z_1)$、$g(x_1,z_1)$，

$$\oint_{C_1} f(x_1,y_1)\, dx_1 = \int_{-A}^{A}(x_1,2H)\, dx_1 + \int_{A}^{-A}(x_1,0)\, dx_1 \tag{4}$$

$$\oint_{C_1} f(x_1,y_1)\, dz_1 = \int_0^{2H}(-A,z_1)\, dz_1 + \int_{2H}^{0}(A,z_1)\, dz_1 \tag{5}$$

化简得，

$$X_{A_z,\text{墙}} = \frac{1}{16\pi AH}\int_{-A}^{A} dy \int_{-W}^{W} \ln \frac{[(y-x)^2+(L-B)^2+(2H)^2][(y-x)^2+(L-B)^2+(2F)^2]}{[(y-x)^2+(L-B)^2+(2F-2H)^2][(y-x)^2+(L-B)^2]}\, dx$$

$$+ \frac{1}{16\pi AH}\int_0^{2H} dy \int_0^{2F} \ln \frac{[(y-x)^2+(W+A)^2+(L-B)^2][(y-x)^2+(-W-A)^2+(L-B)^2]}{[(y-x)^2+(-W+A)^2+(L-B)^2][(y-x)^2+(W-A)^2+(L-B)^2]}$$

$$\tag{3-21}$$

（2）A_x面对右墙的角系数：

A_x面对右墙并不是全部可见，见图3-10。

$$\oint_{C_2} \ln r\, dz_2 = \frac{1}{2}\int_0^{2F} \frac{(W-A)^2+(L-y_1)^2+(z_2-z_1)^2}{(L-y_1)^2+(z_2-z_1)^2}\, dz_2 \tag{1}$$

同理，分别记为$f(y_1,z_1)$

$$\oint_{C_1} f(x_1,y_1)\, dz_1 = \int_0^{2H}(B,z_1)\, dz_1 + \int_0^{2H}(-B,z_1)\, dz_1 \tag{2}$$

化简得，

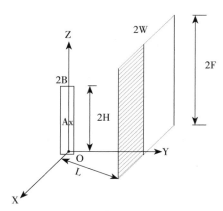

图3-10　表面A_x与右墙相对位置关系

$$X_{A_y, 墙} = \frac{1}{16\pi BH} \int_0^{2H} dy \int_0^{2F} \ln \frac{[(y-x)^2+(L-B)^2+(W-A)^2][(y-x)^2+(L+B)^2]}{[(y-x)^2+(L-B)^2][(y-x)^2+(L+B)^2+(W-A)^2]} dx \quad （3-22）$$

（3）A_z面对右墙的角系数：

推导过程与A_x面与右墙的角系数类似，最后结果为：

$$X_{A_x, 墙} = \frac{1}{16\pi AH} \int_{-A}^{A} dy \int_{-W}^{W} \ln \frac{[(y-x)^2+(L-B)^2+(2F-2H)^2][(y-x)^2+(L+B)^2]}{[(y-x)^2+(L-B)^2][(y-x)^2+(L+B)^2+(2F-2H)^2]} dx \quad （3-23）$$

人体模型对右墙的加权平均角系数为：

$$X_{人, 墙} = \frac{2A_x X_{A_x, 墙} + A_y X_{A_y, 墙} + A_z X_{A_z, 墙}}{2(A_x + A_y + A_z)} \quad （3-24）$$

人体模型对其他墙的角系数，与右墙的推导方法完全相同，只需替换坐标轴即可，故不再赘述。

3.2.5.4　人体对地板的角系数

人体对地面的角系数与人体对天花板的角系数处理方法类似，区别在于人体只有四个侧面对地面有辐射，上下两面对地面的角系数均为0，推导结果如下：

$$X_{A_x, 地板} = \frac{1}{16\pi BH} \int_{-B}^{B} dy \int_{-L}^{L} \ln \frac{[(y-x)^2+(W-A)^2][(y-x)^2+(2H)^2]}{(y-x)^2[(y-x)^2+(W-A)^2+(2H)^2]} dx \quad （3-25）$$

$$X_{A_y, 地板} = \frac{1}{16\pi AH} \int_{-A}^{A} dy \int_{-W}^{W} \ln \frac{[(y-x)^2+(L-B)^2][(y-x)^2+(2H)^2]}{(y-x)^2[(y-x)^2+(L-B)^2+(2H)^2]} dx \quad （3-26）$$

人体模型对地板的加权平均角系数为：

$$X_{人, 地板} = \frac{A_x X_{A_x, 地板} + A_y X_{A_y, 地板}}{A_x + A_y + A_z} \quad （3-27）$$

3.3 围护结构传热方程

当建筑围护结构吸收了室内人体和热源的热量，其内表面温度会提高，同时向室外进行传热。围护结构向室外的传热量会随着室内外温差的改变而改变，当围护结构内表面温度提高时，这个传热量也将随之增大，并最终与室内向围护结构的传热量之间达到一个平衡点。因此，围护结构内表面温度T_i并非确定值，而是会存在一个平衡温度，由于黑体辐射力E_{bi}遵循斯蒂芬—玻尔兹曼定律，与T_i相关联，所以也并非确定值，而必须考虑到围护结构向室外传热这个因素。

图3-11为稳态传热时围护结构热量平衡示意图。

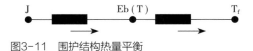

图3-11 围护结构热量平衡

图3-11中，内表面温度为T_i的围护结构得到的热量为：

$$Q_i = \frac{J_i - E_{bi}}{\frac{1 - \varepsilon_i}{\varepsilon_i A_i}} = \frac{J_i - \sigma_b T_i^4}{\frac{1 - \varepsilon_i}{\varepsilon_i A_i}} \qquad (3-28)$$

除地板外，房间的围护结构均可视作无限大平壁，无限大平壁室外一侧为第三类边界条件，即对流边界条件，因而内表面温度为T_i的围护结构失去的热量为：

$$Q'_i = \frac{T_i - T_f}{\frac{\delta_i}{\lambda_i A_i} + \frac{1}{h_{fi} A_i}} \qquad (3-29)$$

式中　T_f——室外空气温度，K；

　　　δ_i——围护结构i厚度，m；

　　　λ_i——围护结构i平均热导率，W/(m·K)；

　　　h_{fi}——围护结构i外表面与室外空气之间的对流表面传热系数，W/(m²·K)。

其中$\lambda_i = \dfrac{\delta_i}{\sum_1^j \dfrac{\delta_{ij}}{\lambda_{ij}}}$，$\delta_{ij}$为第j层围护结构的厚度，m；$\lambda_{ij}$为第j层围护结构的热导率；W/(m·K)。

当传热过程达到稳定时，应有

$$\frac{T_i - T_f}{\frac{\delta_i}{\lambda_i A_i} + \frac{1}{h_{fi} A_i}} = \frac{J_i - \sigma_b T_i^4}{\frac{1 - \varepsilon_i}{\varepsilon_i A_i}} \qquad (3-30)$$

对于地板的热量损失，一般分为两部分，一部分为边缘损失，与地板外周边长和室内外温差成正比；另一部分为地面损失，取决于室内空气的温度和地板下土壤的温度之差，并与地面的形状和面积大小有关。

具有四边外墙的非保温地板，热损失公式可通过下式估算：

$$Q_6 = \left(\frac{\pi}{4}\lambda_e BL\Delta t\right)tg^{-1}\left(\frac{0.5b}{0.5b+0.5w}\right) \tag{3-31}$$

式中　λ_e——土壤的导热系数，W/(m·K)；

　　　L——地板的长度（即长方形的长边），m；

　　　b——地板的宽度（即长方形的短边），m；

　　　B——取决于地板长宽比的系数，$B = exp(b/2L)$；

　　　w——四面围护墙的厚度，m。

此时，地板内表面的得热量等于热损失量，即

$$\left(\frac{\pi}{4}\lambda_e BL\Delta t\right)tg^{-1}\left(\frac{0.5b}{0.5b+0.5w}\right) = \frac{J_6 - \sigma_b T_6^4}{\frac{1-\varepsilon_6}{\varepsilon_6 A_6}} \tag{3-32}$$

式（3-30）和（3-32）中，温度为 T_i 的灰表面有效辐射力 J_i 与该表面和其他表面之间的辐射特性有关，对于 3.1 节中微型建筑内的八个表面，每个表面的 J_i 彼此之间互相关联，需要综合考虑微型建筑辐射换热网络以及每个围护结构的热平衡关系，才能对 J_i 的具体数值进行求取。

3.4　室内空气热平衡方程

将室内空气视作集总热容体，在稳态情况下，空气从人体和热源得到的对流传热量应该等于向各个围护结构散失的对流传热量与门窗漏风损失的热量之和：

$$(1-\alpha_{r7})Q_7 + (1-\alpha_{r8})Q_8 = \sum_{i=1}^{5}h_i A_i(T_a - T_i) + Q_{loss} \tag{3-33}$$

式中　T_a——室内空气温度，K；

　　　h_i——表面 i 与室内空气之间的对流表面传热系数，W/(m²·K)；

　　　Q_{loss}——门窗漏风损失的热量，W。

其中 Q_{loss} 与室外温度、风速和门窗缝隙形状位置等因素有关，可按照缝隙长度计算，也可按照采用换气次数或百分比直接估算[3]。本文采用下式：

$$Q_{loss} = cq_m(T_a - T_f) \tag{3-34}$$

式中　c——空气的比热容，J/(kg·K)；

　　　q_m——漏风量，kg/s。

对于漏风量 q_m 的计算，当风压影响很小的时候，自然通风主要由热压引起，在室内外温度不变条件下，假定外墙有一高度上室内外压力相等，这样的水平面叫作中和面。现以中和

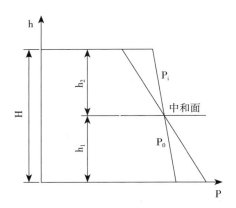

图3-12　单层建筑热压作用下自然通风

面为界，将漏风面积分为上下部，详见图3-12。

由孔口流量计算公式得，

$$q_{m,A} = \mu_A F_A \sqrt{2\Delta p_A \rho_{\text{out}}} \qquad (3-35)$$

$$q_{m,B} = \mu_B F_B \sqrt{2\Delta p_B \rho_{\text{w}}} \qquad (3-36)$$

式中　F_A、F_B——下部和上部孔口的面积，m^2；

　　　μ_A、μ_B——下部和上部孔口的流量系数；

　　　Δp_A、Δp_B——下部和上部的内外压力差，Pa；

　　　ρ_{w}、ρ_{out}——室、内外空气密度，kg/m^3。

由于孔口内外压力差正比于孔口离中和面的距离和室内外空气的密度差，利用理想气体状态方程，将空气密度差用室内外的热力学温度表示，

$$\Delta p = h(\rho_{\text{out}} - \rho_{\text{w}})g = K_s h\left(\frac{1}{T_{out}} - \frac{1}{T_w}\right) \qquad (3-37)$$

式中　K_s——与当地大气压有关的系数，标准大气压时，$K_s = 3460$，Pa·K/m；

　　　h——为孔口与中和面之间的高度，m。

所以，当系统稳定时，漏风量$q_m = q_{m,A} = q_{m,B}$。

3.5　微型建筑室内热环境复合传热方程组

在3.1节中，从式（3-3）到式（3-10）列出了辐射换热节点热平衡方程，这八个方程之中不仅存在$J_1 - J_8$的这八个未知数，而且由于围护结构向室外传热的缘故，六个围护结构的表面温度也是未知的，$T_1 - T_6$的求取仍需采用式（3-30）和式（3-32）共补充六个方程。

但是另一方面，由于人体和热源的散热量同时存在辐射传热和对流传热，因此必须将室

内空气热平衡方程式（3-33）一并考虑到方程组之中，也因此多出室内空气温度T_a这个未知数，方程的个数和未知数的个数仍然保持一致。

这里还需要注意的是，辐射传热在人体和热源总散热量中的比例系数α_{r7}和α_{r8}也并非是确定值，但是其中对流传热量可以根据相关的自然对流传热准则关联式来计算，例如对于竖直壁面的情况，可采用[4]：

$$Nu_H = \left\{ 0.825 + \frac{0.387 Ra_H^{1/6}}{[1 + (0.492/\mathrm{Pr})^{9/16}]^{8/27}} \right\}^2 \qquad （3-38）$$

式中　Nu_H——努谢尔特准则；

　　　Ra_H——瑞利准则；

　　　Pr——普朗特准则。

其中　$Nu_H = \dfrac{hl}{\lambda}$，　$\mathrm{Pr} = \dfrac{\gamma}{a}$，　$Ra_H = \dfrac{g\alpha \Delta t l^3}{\gamma^2} \mathrm{Pr}$。

　　　l——壁面高度，m；

　　　λ——空气热导率，W/(m·K)；

　　　a——空气热扩散率，m²/s；

　　　g——重力加速度，9.81m/s²；

　　　α——空气体积膨胀系数，1/K；

　　　Δt——壁面与附近空气的温差，K；

　　　h——自然对流表面传热系数，W/(m²·K)。

对于人体的对流表面传热系数，N在自然对流的情况下，Ielsen和Pedersen曾经采用真人和假人模型进行过实验研究，得出：

$$h_c = 2.38(t_{cl} - t_a)^{0.25} \qquad （3-39）$$

Nishi和Gagge对于人体新陈代谢率M在64W ~ 175W之间的情况，提出：

$$h_c = 1.16(M - 50)^{0.39} \qquad （3-40）$$

Kreith、Mitchell、Pappa等人也都对人体在自然对流或强制对流情况下的表面传热系数进行过研究，得出了一些各自的确定方法[5]。

根据上述方法计算出自然对流表面传热系数h之后，可根据壁面面积和温差计算出自然对流换热量，进而求得人体和热源对流传热在人体和热源总散热量中所占据的比例α_{r7}和α_{r8}。

由这15个方程和15个未知数组成的方程组，恰好满足了多元方程组唯一解的条件，可以对其进行联立求解。因为方程中存在温度的非线性项，所以需要使用专门的方程组求解软件，如Matlab等。

3.6 微型建筑室内热环境复合传热方程组求解示例

以热源功率1000W，空间尺寸3m×2m×2.4m的微型建筑为例，对数学模型进行求解。求解过程中，参数设定和边界条件与实验测试时的数值完全相同，使两者之间可以进行相互的对比验证。

已设定参数：

（1）围护结构的发射率为0.8，保温材料厚度为5cm，导热系数为0.032W/(m·K)；

（2）土壤的导热系数为1.41W/(m·K)，四面围护墙的厚度为5cm；

（3）室外温度为9.2±0.1℃（利用温湿度记录仪testo175H1所测）。

围护结构面积的计算：天花板/地板的面积为6m²；左/右墙的面积为7.2m²；前/后墙的面积为4.8m²。

围护结构之间的角系数计算：计算结果见表3-1。

天花板、左墙、前墙对其他围护结构的角系数 表3-1

角系数	天花板	地板	左墙	右墙	前墙	后墙	总和
天花板	0	0.2017	0.1591	0.1591	0.2401	0.2401	1.0001
左墙	0.1988	0.1988	0	0.1273	0.2376	0.2376	1.0001
前墙	0.2001	0.2001	0.1584	0.1584	0	0.2831	1.0001

表中天花板、左墙、前墙对其他围护结构的角系数总和不等于1，但误差极小，这是由于在推导上述公式时，因数值计算采用变步长辛卜生二重积分法所引起的误差。根据房屋的对称性，地板、右墙、后墙对其他围护结构的角系数与此表相同，故不赘述。

人体表面与围护结构之间的角系数计算：计算结果见表3-2。

人体模型表面对围护结构内表面角系数 表3-2

角系数	天花板	地面	左墙	右墙	前墙	后墙	总和
A_x	0.0582	0.2096	0.0480	0.0480	0.6364	0	1.0002
A_y	0.0770	0.2355	0	0.4000	0.1438	0.1438	1.0001
A_z	0.6797	0	0.0458	0.0458	0.1143	0.1143	0.9999
加权平均值	0.0817	0.2046	0.0939	0.0939	0.2474	0.2474	—

热源表面与围护结构之间的角系数计算：计算结果见表3-3。

热源对围护结构的角系数　　　　　　　　　　表3-3

角系数	天花板	地面	左墙	右墙	前墙	后墙	总和
热源	0.0222	0.4450	0.0345	0.0345	0	0.4639	1.0001

墙体外侧表面传热系数：在常热流边界条件下，取壁面长度一半处的温度与室外温度之差来计算该壁面的平均表面传热系数。由于此壁面的外侧温度未知，现近似设定该处壁面温度为14℃，则定性温度为两者之和取平均，即（14+9）/2=11.5℃。此时，空气的物性参数 $v = 14.30×10^{-6}\text{m}^2/\text{s}$；$\lambda = 0.0252\text{W}/(\text{m·K})$；Pr = 0.705；$\alpha = 3.51×10^{-3}1/\text{K}$。由这些参数代入瑞利准则，即 $R_a = Gr·Pr = 9.486×10^9$，代入公式（3-40）得，h = 2.51W/(m²·K)。

墙体内侧表面传热系数：在方程组中，壁面内侧温度和室内空气温度均为未知数，但这两者均为需要求解对象，估算定性温度约为15℃，此时 $v = 14.60×10^{-6}\text{m}^2/\text{s}$；$\lambda = 0.0255\text{W}/(\text{m·K})$；Pr = 0.704；$\alpha = 1/273+15 = 3.47×10^{-3}1/\text{K}$。代入瑞利准则，可得 $R_a = Gr·Pr = 1.554×10^9(t_w - t_i)$，代入公式（3-40），可得到墙体内测对流表面系数的关系式：

$$h = \{0.825 + 0.213[1.554 × 10^9(t_w - t_i)^{1/6}]\}^2 × 0.0255 ÷ 2.4 \qquad （3-41）$$

漏风量计算：当上下口流量系数和面积近似相等时，可近似将中和面看成墙壁的中点。流量系数约为0.9，漏风面积约为0.015m×2.4m，空气的比热容近似为1.003kJ/(kg·K)，空气密度近似为1.29kg/m³。由于室内外压差公式存有未知数 T_w，代入公式，得出关系式：

$$Q_{loss} = 3352 × \sqrt{\left(\frac{1}{273 + 9} - \frac{1}{273 + t_w}\right)} × (t_w - t_{out}) \qquad （3-42）$$

服装热阻对人体与环境的对流传热系数的计算：受试者冬季服装热阻约为1.5clo，查表 f_{cl} 约为1.15。服装表面温度可通过热成像仪直接获得，此工况下衣服表面的温度约为20℃。人体静止于建筑中，发生的是自然对流换热，其周围换热系数 h_c 取Fanger的热舒适方程所采用的 $2.38\Delta t^{0.25}$，由于室内温度为未知数，代入得，$h_c = 2.38(20 - t_w)^{0.25}$。

将以上所有已得数据或含未知数的表达式代入本章3.5节所联立的方程组中进行计算，并和实测数据对比分析，见表3-4。

计算值和实验值对比表　　　　　　　　　　　表3-4

热源功率1000W 空间尺寸3m×2m	天花板	地板	左/右墙	前墙	后墙	室内空气
实验值（℃）	14.62	13.63	13.92	12.82	15.75	14.75
计算值（℃）	16.83	15.10	15.83	15.35	17.29	16.24
差值（℃）	2.21	1.53	1.91	2.53	1.54	1.49
偏差率（%）	15.10	11.22	13.70	19.73	9.77	10.10

由上表可知，围护结构和室内空气温度模型值均比实验值高，温差范围在1.5℃～2.5℃，前墙和天花板的模型值和实验值之间的差值和偏差率相对较大；后墙和室内空气之间的差值和偏差率相对较小。

按照以上同样的方法，对不同热源功率和不同空间尺寸下的工况进行计算，并和该工况下的实验数据对比，汇总结果见表3-5。

实验值和计算值对比汇总表　　　　　　　　　　表3-5

热源功率500W 空间尺寸3m×3m	天花板	地板	左/右墙	前墙	后墙	室内空气
实验值（℃）	10.95	11.12	11.05	10.75	11.62	11.34
计算值（℃）	13.21	12.96	12.69	12.87	13.96	13.01
差值（℃）	2.26	1.84	1.64	2.12	2.34	1.67
偏差率（%）	20.63	16.54	14.84	19.70	20.13	14.72
热源功率500W 空间尺寸3m×2m	天花板	地板	左/右墙	前墙	后墙	室内空气
实验值（℃）	11.31	11.43	11.29	11.14	12.01	12.06
计算值（℃）	13.65	13.41	13.01	13.26	14.51	13.56
差值（℃）	2.34	1.98	1.72	2.12	2.50	1.50
偏差率（%）	20.69	17.32	15.23	19.03	20.82	12.43
热源功率500W 空间尺寸2m×2m	天花板	地板	左/右墙	前墙	后墙	室内空气
实验值（℃）	12.15	12.28	11.84	11.42	13.50	12.94
计算值（℃）	14.00	13.83	13.47	13.6	14.99	14.10
差值（℃）	1.85	1.55	1.63	2.18	1.49	1.16
偏差率（%）	15.23	12.62	13.76	19.08	11.03	8.96

续表

热源功率500W 空间尺寸1.5m×1.5m	天花板	地板	左/右墙	前墙	后墙	室内空气
实验值（℃）	12.92	13.14	12.06	11.78	13.81	13.68
计算值（℃）	14.59	14.53	13.81	13.91	15.36	14.71
差值（℃）	1.67	1.39	1.75	2.13	1.55	1.03
偏差率（%）	12.93	10.58	14.51	18.08	11.22	7.53
热源功率1000W 空间尺寸3m×3m	天花板	地板	左/右墙	前墙	后墙	室内空气
实验值（℃）	13.41	12.63	12.93	12.36	14.7	13.91
计算值（℃）	15.46	14.07	14.56	14.64	16.03	15.09
差值（℃）	2.05	1.44	1.63	2.28	1.33	1.18
偏差率（%）	15.28	11.40	12.61	18.44	9.04	8.48
热源功率1000W 空间尺寸3m×2m	天花板	地板	左/右墙	前墙	后墙	室内空气
实验值（℃）	14.62	13.63	13.92	12.82	15.75	14.75
计算值（℃）	16.83	15.10	15.83	15.35	17.29	16.24
差值（℃）	2.21	1.53	1.91	2.53	1.54	1.49
偏差率（%）	15.10	11.22	13.70	19.73	9.77	10.10
热源功率1000W 空间尺寸2m×2m	天花板	地板	左/右墙	前墙	后墙	室内空气
实验值（℃）	15.56	14.37	14.66	13.58	16.80	15.50
计算值（℃）	17.87	16.01	16.79	15.89	18.86	17.36
差值（℃）	2.31	1.64	2.13	2.31	2.06	1.86
偏差率（%）	14.84	11.41	14.53	17.01	12.26	12.00
热源功率1000W 空间尺寸1.5m×1.5m	天花板	地板	左/右墙	前墙	后墙	室内空气
实验值（℃）	15.98	15.02	15.13	14.26	17.31	16.3
计算值（℃）	18.54	16.95	17.41	16.90	19.68	18.28
差值（℃）	2.56	1.93	2.28	2.64	2.37	1.98
偏差率（%）	16.02	12.84	15.07	18.51	13.69	12.14

续表

热源功率1500W 空间尺寸3m×3m	天花板	地板	左/右墙	前墙	后墙	室内空气
实验值（℃）	15.80	14.41	14.36	13.48	17.80	16.33
计算值（℃）	18.01	16.26	16.37	15.87	19.66	18.05
差值（℃）	2.21	1.85	2.01	2.39	1.86	1.72
偏差率（%）	13.98	12.84	13.99	17.73	10.45	10.53
热源功率1500W 空间尺寸3m×2m	天花板	地板	左/右墙	前墙	后墙	室内空气
实验值（℃）	17.05	15.33	14.96	13.86	18.73	17.16
计算值（℃）	19.34	17.14	16.95	16.32	20.70	18.79
差值（℃）	2.29	1.81	1.99	2.46	1.97	1.63
偏差率（%）	13.43	11.81	13.30	17.75	10.52	9.50
热源功率1500W 空间尺寸2m×2m	天花板	地板	左/右墙	前墙	后墙	室内空气
实验值（℃）	18.01	16.09	15.31	14.23	19.31	18.27
计算值（℃）	21.32	19.10	18.43	17.61	22.16	20.71
差值（℃）	3.31	3.01	3.12	3.38	2.85	2.44
偏差率（%）	18.37	18.71	20.38	23.75	14.75	13.35
热源功率1500W 空间尺寸1.5m×1.5m	天花板	地板	左/右墙	前墙	后墙	室内空气
实验值（℃）	18.33	16.66	15.66	14.59	19.95	18.80
计算值（℃）	21.88	19.85	18.93	18.27	22.81	21.43
差值（℃）	3.55	3.19	3.27	3.68	2.86	2.63
偏差率（%）	19.36	18.54	20.88	25.22	14.33	13.99
热源功率2000W 空间尺寸3m×3m	天花板	地板	左/右墙	前墙	后墙	室内空气
实验值（℃）	18.28	16.61	16.55	14.69	20.01	18.75
计算值（℃）	20.39	18.38	18.18	16.62	21.16	19.76
差值（℃）	2.11	1.77	1.63	1.93	1.15	1.01
偏差率（%）	11.54	10.65	9.85	13.14	5.74	5.38

续表

热源功率2000W 空间尺寸3m×2m	天花板	地板	左/右墙	前墙	后墙	室内空气
实验值（℃）	18.98	16.93	17.05	15.38	20.84	19.38
计算值（℃）	20.94	18.76	18.70	17.13	22.33	20.71
差值（℃）	1.96	1.83	1.65	1.75	1.49	1.33
偏差率（%）	10.32	10.81	9.68	11.38	7.15	6.35
热源功率2000W 空间尺寸2m×2m	天花板	地板	左/右墙	前墙	后墙	室内空气
实验值（℃）	19.71	18.02	17.84	16.31	21.32	20.02
计算值（℃）	21.85	20.08	19.47	18.15	22.95	21.57
差值（℃）	2.14	2.06	1.63	1.84	1.63	1.55
计算率（%）	10.85	11.43	9.14	11.28	7.64	7.74
热源功率2000W 空间尺寸1.5m×1.5m	天花板	地板	左/右墙	前墙	后墙	室内空气
实验值（℃）	20.55	18.76	18.51	17.27	21.84	20.87
计算值（℃）	22.57	20.49	19.95	18.79	23.45	22.10
差值（℃）	2.02	1.73	1.44	1.52	1.61	1.23
偏差率（%）	9.83	9.22	7.78	8.80	7.37	5.89

通过对以上16种工况进行对比分析，可以得出其中有12个工况对比结果偏差率小于20%，故该数学模型能较好地贴合实验数据，准确率大致应超过75%。对于这16种工况，首先存在一个系统误差，就是实验值比计算值普遍偏小，偏小的范围大致在1℃～3℃之间。这很有可能是因为实验所采用的陶瓷加热灯实际功率比标定功率偏小，因此今后的实验中应尽量选择更加精密的热源，以消除这种由于仪器精度所产生的系统误差。

在表3-5中，对于实验工况1（热源功率500W、空间尺寸3m×3m）和实验工况2（热源功率500W、空间尺寸3m×2m），产生偏差的原因可能为这两个工况下实验工况下气流并未完全达到天花板、前墙等围护结构，但是此数学模型假定热气流均匀分布，已达到稳态，所以偏差较大。对于实验工况11（热源功率1500W、空间尺寸2m×2m）和实验工况12（热源功率500W、空间尺寸3m×2m），产生偏差的原因可能为室外温度的变化波动影响较大，这种波动对整个传热方程组的结果影响很大。稳态传热模型通常仅能反映出日均温度下的传热情况，与实际情况具有一定差距，对于日温度波乃至年温度波下的传热，还需要建立周期性非稳态传热的模型。

对实验结果进行误差分析，误差分析一方面来自实验测试误差，另一方面来自建立传热模型所用的解析法误差。测试误差主要来自于：（1）室外温度无法保持温度恒定，当温度波动范围过大，此误差对结果会有较大影响。（2）漏风无法完全消除，本实验台的主要功能为空间可变，由于移动建筑墙体时，无法将滑轮连接处完全密封以及门缝处也难以完全紧闭，从而导致漏风。（3）温度是否稳定，虽然前一章已经说明20min后微型建筑温度基本达到稳定状态，但是某些小功率、大尺寸的工况下，达到完全稳定可能需要的时间更长。

对于稳态传热模型的解析法，误差主要来自于：（1）对模型的简化假定，详见3.1节。（2）求解精度，比如计算角系数时，数值计算采用变步长辛卜生二重积分法，对于该大型方程组的求解，此方法可求得解析解，但时间过长，因而选择数值解。（3）参数设定，本传热模型的参数已经尽可能接近实验参数，但很多参数只能通过相关资料进行估算和假定，比如围护结构的发射率、围护结构表面以及人体周围的传热系数、计算漏风量时的空气参数设定、人体对空气的对流换热量中服装面积系数等。

参考文献

［1］李百战，郑洁，姚润明，景胜蓝. 室内热环境与人体热舒适［M］. 重庆：重庆大学出版社，2012.

［2］胡健，李念平，黄立志. 辐射空调房间人体与环境表面角系数的数值模拟求解［J］. 土木建筑与环境工程，2018，40（01）：122-128.

［3］贺平，孙刚，王飞，吴华新. 供热工程（第四版）［M］. 北京：中国建筑工业出版社，2009.

［4］章熙民，朱彤，安青松，任泽霈，梅飞鸣. 传热学（第六版）［M］. 北京：中国建筑工业出版社，2014.

［5］魏润柏，徐文华. 热环境［M］. 上海：同济大学出版社，1994.

第4章 舒适节能型微型建筑概念性设计

4.1 舒适节能型微型建筑设计思想

在室内热环境和人体热舒适方面，微型建筑存在着很多与普通建筑所不同的特点，也具有着一些与普通建筑所不同的规律，对一般意义上的微型建筑加以改进，以舒适节能为目标，设计出适应于当代生活居住需要的新型微型建筑，将是建筑行业的一个重要发展方向。

舒适节能型微型建筑的设计理念，主要包括以下六个方面：

（1）以人体满足热舒适性为目标，考虑到冷热源特性、人体活动、服装等各个因素，利用微型建筑室内热环境复合传热模型，对微型建筑室内热环境参数进行独立性设计。

（2）将微型建筑的空间尺度作为重要设计参数，以人体工程学方法确定人体活动空间范围，详细考量建筑空间尺度对室内热环境和人体热舒适的影响，确定两者之间的对应关系，并对空间进行合理优化。

（3）将保温、通风、采光、降噪等各种提高室内环境和人体舒适的措施相结合，灵活运用各种设计手段，在设计过程中贯彻节能减排理念，在建筑结构和形式上进行专有性设计。

（4）选取新型建筑材料，在充分考虑材料特性的前提下，设法做到清洁环保，并以新材料为依托，对微型建筑进行全新设计。

（5）考虑到一些微型建筑使用周期较短的特征，有针对性地进行建筑设计，使其构件具有较强的互换性，连接方法简单，拆装方便迅速，成本低廉，能够满足临时性建筑的各种需求。

（6）在满足舒适节能的前提下，尽量降低微型建筑的建造成本，提高经济性，拓宽此类微型建筑的推广应用前景。

4.2 纸管式微型建筑

4.2.1 纸作为建筑材料的可行性

在传统建筑材料制造过程中，需要消耗大量的矿物资源和能源，而且也会带来一系列的环境污染问题，特别是在发展中国家，传统建筑材料的短缺导致价格不断上涨，迫使人们必须去寻找一种价格低廉而且又能满足建造要求的建筑材料，并使其达到节能减排的标准。在这种理念的指导下，一些建筑师们创新性地运用一些非传统建筑材料来进行建筑创作，例如纸、竹子、泥土、藤蔓等，其中对于纸质材料的运用，无疑是一种崭新而又非常有价值的尝试。

纸这种材料成本低廉，用途广泛，但作为一种生态建筑材料来建造房屋，却是近年来才被提出。纸质材料与其他建筑材料相比，具有以下几方面的优点：

（1）生态性：纸质材料具有可回收、可循环的特点，将废纸进行一定的处理，即可加工成建筑材料，纸质材料本身所具备的特性符合可持续性发展的需要。

（2）经济性：纸质材料成本低廉，建筑施工非常方便。

（3）灵活性：纸质建筑的设计和建造更具灵活性，能够通过随时更换损坏部分的方式，使建筑得到经常性的维护，属于极易维修的建筑，而且也非常容易与一些先进的建筑技术相结合。

（4）安全性：由于质量轻、弹性好，纸质建筑的荷载极轻，抗震功能较为突出。

（5）低技术性：纸建筑的建造技术要求较低，大多数纸质建筑的建造都可基于当地的技术水平，无需高技术的指导。

在纸质材料中添加氯化石蜡、含磷树脂、氨基磺酸铵等阻燃剂，可有效解决纸质材料的防火问题。而对于防潮问题，则可通过在纸质材料表面上添加防水涂层的方式来解决，处理方法类似于纸伞和壁纸。

但在建筑保温节能和耐久性等方面，纸质建筑仍存在着一些问题，这些问题成为限制纸质建筑发展的瓶颈。

4.2.2 纸质建筑的先驱者——坂茂（Shigeru Ban）

1986年，日本建筑师坂茂首次采用硬纸质材料设计了名古屋博览会馆，他以48根外径33cm、厚度15cm、长度4m、表面经过蜡纸防水加工的纸管，重现了江户时代造园名家所设计的房屋。1994年，坂茂为卢旺达内战导致的难民建造了纸管避难所，并被联合国难民事务委员会聘为顾问。1995年神户大地震后，坂茂为一些难民提供了一些"纸木宅"。在坂茂的牵头下，日本建筑师志愿者网络（VAN）随后陆续在土耳其（1999）、印度（2001）、斯里兰卡（2004）、海地（2010）、新西兰（2011）等地建造了纸管或纸板建筑。2008年中国汶川大地震，来自日本的120多名志愿者和四川当地的志愿者一起，采用可回收再利用的纸质材料建起了一座学校，名为华林小学，该学校一共3幢房屋，9间教室，占地500多平方米，成为灾后第一座希望小学（图4-1~图4-4）。

2014年，坂茂荣获具有建筑界"诺贝尔奖"之称的"普利茨克建筑奖"，成为当今国际上最受关注的中生代建筑师之一，他对自然材料的运用取得了令人瞩目的成就，尤其是将纸

图4-1　日本阪神"纸木宅"

图4-2　德国汉诺威世博会日本馆

图4-3　中国汶川希望小学教室

图4-4　新西兰震后临时纸教堂

质材料应用于抗震救灾临时性建筑中，体现了一名建筑师对于材料语言的创新能力和高度，也体现出他的社会责任感与使命感。

4.2.3　纸管式微型建筑

根据主体结构的不同，可将纸质建筑分为纸板式建筑和纸管式建筑两类，纸板式建筑一般采用经过加工处理后的瓦楞纸板，而纸管式建筑则多采用硬牛皮纸管。在实际纸质建筑中，纸板和纸管也经常会结合起来使用，使建筑更加坚固，外形也更加美观。

较之纸板式建筑，纸管式建筑具有更好的承重性，也便于保温节能性能的提升。我们将纸管材料应用于微型建筑，设计出一幢实体建筑，实体建筑的结构图如图4-5所示，实物图如图4-6所示。

该建筑结构的外墙、隔墙和内部家具全部采用外径10.5cm、壁厚0.6cm的熔喷布牛皮纸管，天花板和地板采用多层瓦楞纸板，建筑外形为等腰直角三棱柱体，长宽均为4m，建筑面积8m^2。建筑设有一扇外门，两扇外窗，室内进门为门厅，进而通过门厅连接卧室、餐厅、厨房和卫生间共四个功能空间，并设有床、餐桌、凳子、灶台、吊柜等家具。

（a）底部平面图　　　　　　　　　　（b）纸管承重结构

图4-5　纸管式微型建筑设计图

对纸管式微型建筑之中的家具进行了力学方面的测试，结果表明这些主体由牛皮纸管组成的家具具有一定的强度和承重性能，床上可同时就坐或平躺两个人，凳子可就坐一人，餐桌、灶台、吊柜等都可承受50kg以上的重量。

在纸管式微型建筑中，还进行了客观热环境参数和主观热感觉等方面的测试，如图4-7所示。测试结果表明，冬季在添加一定

图4-6　纸管式微型建筑

热源的情况下，室内温度能够达到人体的舒适温度和较为适中的热感觉，说明纸管式微型建筑围护结构具有一定的保温性能。

4.2.4　纸管式微型建筑保温强化技术

纸管式微型建筑的围护结构虽然具有一定的保温性能，但由于纸质材料厚度较小且在纸管与纸管连接之处存在冷桥效应，所以保温性能仍有待提高。因此，我们针对纸管式微型建筑，设计出两种专门的保温结构，可对该类建筑的保温性能进行强化。

4.2.4.1　格栅状纸板保温结构

格栅状纸板由硬纸板交叉拼接而成，中间部分为矩形网格，每个网格的长度和宽度均小于5mm，使纸板具有较为致密的孔隙结构。

图4-7　纸管式微型建筑测试

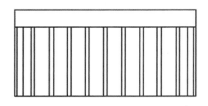

（a）主视图

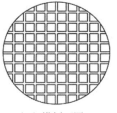

（b）横剖面图

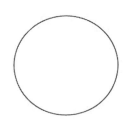

（c）顶视图

图4-8　格栅状纸板保温结构内部构件

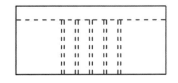

（a）主视图

（b）横剖面图

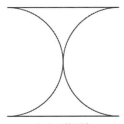

（c）顶视图

图4-9　格栅状纸板保温结构外部构件

　　保温结构分为内部构件和外部构件两部分，均由格栅状纸板构成，其中内部格栅状纸板的外形为圆柱体，外部格栅状纸板的外形为曲边三角形柱体，格栅状纸板的顶部均用乳胶粘结有圆形纸板，如图4-8、图4-9。

　　多个内部构件紧密布置于每根纸管的内部，多个外部构件紧密布置于两个相邻纸管之间的位置，外部构件的外侧设有矩形挡板，各个结构之间均用乳胶粘结，从而形成完整的纸管保温结构，如图4-10。

　　由于格栅状纸板孔隙结构中的空气具有很低的热导率，而且孔隙狭小，热对流作用也被

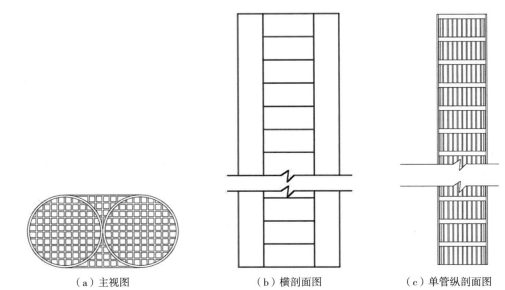

（a）主视图　　　　　　　（b）横剖面图　　　　　　（c）单管纵剖面图

图4-10　纸管式微型建筑格栅状纸板保温结构

抑制，所以这种格栅状纸板保温结构具有较好的保温效果，既可有效遏制纸管内部空腔中较强的空气热对流作用，也可用来消除纸管连接之处的冷桥效应，从而将纸管式微型建筑围护结构的保温性能大大提升。

4.2.4.2　多层瓦楞纸板保温结构

瓦楞纸板是一种由波浪形芯纸夹层及箱板纸构成的纸板，可一层或多层，纸板内部形成彼此之间相互支撑的三角结构体，具有一定的弹性和机械强度，由于三角结构体中间的空隙众多且都是非常狭小，所以也具有较好的保温性能。该保温结构将多层瓦楞纸板裁剪成三种形状的构件，分别为顶部构件、底部构件和中间构件，如图4-11所示。

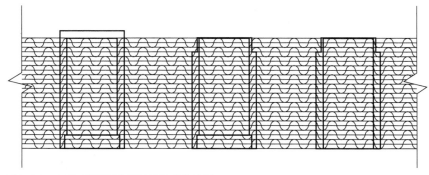

图4-11　多层瓦楞纸板保温结构构件裁剪图

顶部构件主体为顶部封闭的近似圆筒形，近似圆筒形的外表面相对两侧为平面，内径略大于纸管的外径。顶部构件下侧设有圆形凹槽。如图4-12所示。

底部构件主体为近似圆筒形，近似圆筒形的外表面相对两侧为平面，内径略大于纸管的外径。底部构件上侧设有圆环形凸起，其外径略小于顶部构件圆形凹槽的直径，其高度等于顶部构件圆形凹槽的深度。如图4-13所示。

中间构件主体为近似圆筒形，近似圆筒形的外表面相对两侧为平面，内径略大于纸管的外径。中间构件的上侧设有圆环形凸起，其与底部构件圆环形凸起的形体和尺寸完全一致，以使其能与底部构件之间进行插接。中间构件的下侧设有圆形凹槽，其与顶部构件圆形凹槽的形体和尺寸完全一致，以使其能与顶部构件之间进行插接。如图4-14所示。

将顶部构件套在纸管外侧的上端，将多个中间构件自上而下依次套在纸管外侧，并将其圆环形凸起插入上方构件的圆形凹槽之内，使彼此之间紧密相连，最后再将底部构件套在纸管外侧的下端，并将其圆环形凸起插入纸管最下端的中间构件圆形凹槽之内，使彼此之间紧

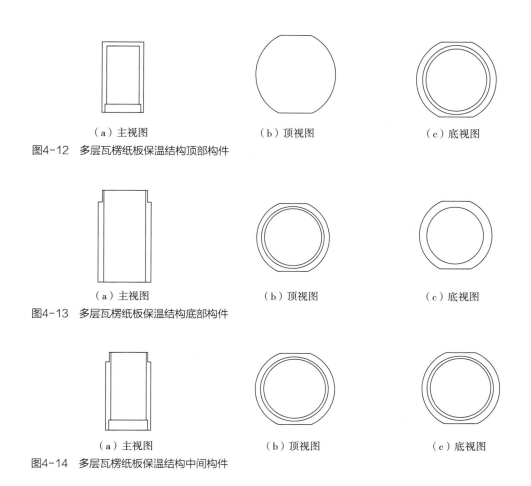

（a）主视图　　　　　　　　（b）顶视图　　　　　　　　（c）底视图

图4-12　多层瓦楞纸板保温结构顶部构件

（a）主视图　　　　　　　　（b）顶视图　　　　　　　　（c）底视图

图4-13　多层瓦楞纸板保温结构底部构件

（a）主视图　　　　　　　　（b）顶视图　　　　　　　　（c）底视图

图4-14　多层瓦楞纸板保温结构中间构件

密相连。构件与纸管之间以及构件彼此之间的接缝处均用乳胶粘结，构件的外侧壁面均涂有弹性防水涂层。如图4-15所示。

由于本结构的每根纸管之间均是并排紧密排列，且相邻两个纸管上每个构件近似圆筒形外表面相对两侧的平面位置均是紧密贴合，因此可以有效防止保温系统设计中的冷桥现象，从而提升纸管式微型建筑围护结构的保温性能。

4.2.5 纸管式微型建筑通风强化技术

在保温强化的基础上，我们研制出专门针对于纸管式微型建筑墙体的通风强化技术。通风墙体主体为硬纸质圆管，包括支撑构件、保温构件、基座、连接构件等结构。

其中支撑构件由三种不同形状的圆管和加强箍组装而成，形成空气薄层的组合圆管，这种空气薄层可以有效遏制空气热对流效应，解决了纸管中空通道中热对流较强的问题，提高了墙体结构的保温性能。组合圆管上下两端均开设有通风孔，中部开设有连接孔，如图4-16所示。

为解决圆管之间连接处的冷桥问题，设计出两种保温构件，两种保温构件均以细圆管为主体，在细圆管与支撑构件之间的缝隙中填充保温泡沫胶，一种保温构件用于墙面处的保温，另一种保温构件用于墙角处的保温，如图4-17所示。

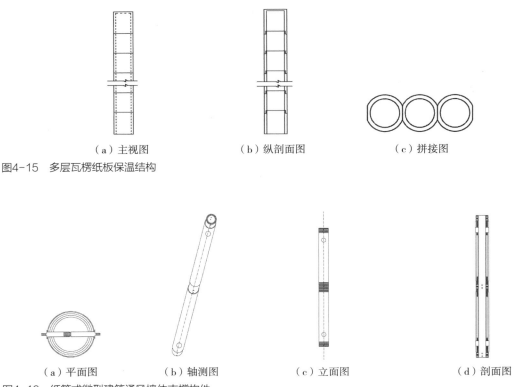

（a）主视图　　　　　（b）纵剖面图　　　　　（c）拼接图

图4-15　多层瓦楞纸板保温结构

（a）平面图　　　　（b）轴测图　　　　（c）立面图　　　　（d）剖面图

图4-16　纸管式微型建筑通风墙体支撑构件

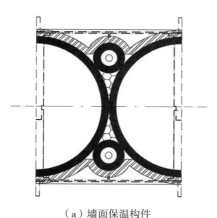
（a）墙面保温构件

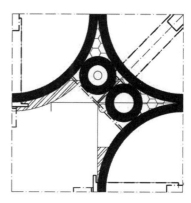
（b）墙角保温构件

图4-17　纸管式微型建筑通风墙体保温构件

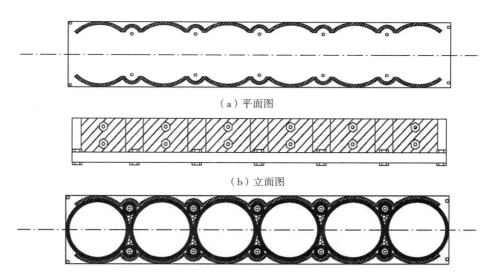
（a）平面图

（b）立面图

（c）安装图

图4-18　纸管式微型建筑通风墙体基座

基座分别设置于地面和屋顶，支撑构件和保温构件均安装于基座上，如图4-18所示。

支撑构件、保温构件和基座通过连接构件固定，形成微型建筑的墙体，如图4-19所示。

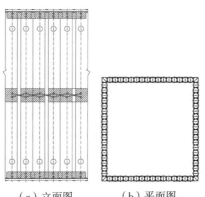
（a）立面图　　（b）平面图

图4-19　纸管式微型建筑通风墙体

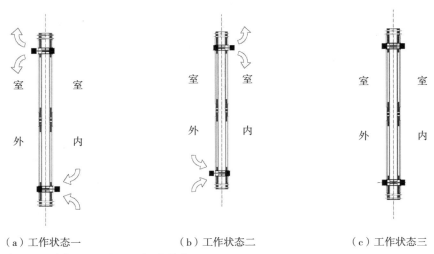

（a）工作状态一　　　　　　（b）工作状态二　　　　　　（c）工作状态三

图4-20　纸管式微型建筑通风墙体的三种工作状态

在支撑构件组合圆管上下两端的通风孔中，设置有木制活塞，活塞由电动连杆带动，可使其开启或关闭。组合圆管下端通风孔处设置有电热片。

如图4-20所示，根据活塞的所处位置，该通风墙体包括以下三个工作状态：

工作状态一：在夏季晴朗的白天，开启内侧的下部通风口和外侧的上部通风口，用电热片加热支撑构件空腔内的空气，使空气在自然对流的原理下由室内流向室外，在通风的同时将室内多余的热量排出室外。

工作状态二：在冬季晴朗的白天，开启外侧的下部通风口和内侧的上部通风口，用电热片加热支撑构件空腔内的空气，使空气在自然对流的原理下由室外流向室内，在通风的同时将热空气送入室内。

工作状态三：在过渡季、阴雨天气、夜晚或其他情况下，四个通风孔全部关闭，支撑构件具有保温隔热的功能。

该通风墙体可在不降低保温性能的前提下对微型建筑室内进行全季节的通风，从而提升纸管式微型建筑室内的人体舒适性。

4.2.6　纸管式微型建筑通用结构

在上文的基础上，我们进一步设计研发出一种纸管式微型建筑通用结构。微型建筑由6种通用结构彼此组合拼装而成，分别为底板通用结构、顶板通用结构、隔板通用结构、支撑通用结构、墙体通用结构和门窗通用结构。

底板通用结构、顶板通用结构和隔板通用结构均由20层以上的高强度硬纸板层叠粘结而成，开设有若干个呈阵列状排列的圆孔，用以插入硬纸质圆管。底板通用结构和顶板通用结构之间的长纸管用来形成围护结构，底板通用结构和隔板通用结构之间的短纸管用来形成室内家具，如图4-21和图4-22所示。

支撑通用结构均采用高强度的硬纸质圆管，辅以连接加强结构，用以形成外墙、隔墙和家具。硬纸质圆管的下端各设有一组销孔，用来连接固定底板、顶板或隔板。中部设有上下两组销孔，在建筑安装的时候用来保证硬纸质圆管的自由升降。图4-23为硬纸质圆管示意图。

墙体通用结构和门窗通用结构如图4-24和图4-25所示。其中门与窗的区别在于门扇采用非透明材料，而窗扇采用透明材料。

将这6种通用结构进行组合拼装，可得到各种各样的房屋户型结构，其中包括不同功能的房间以及各种家具，典型户型结构如图4-26所示。

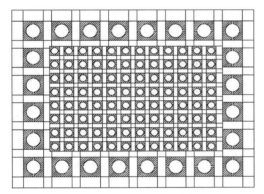

图4-21 底板通用结构和顶板通用结构

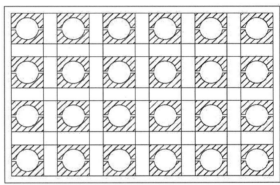

图4-22 隔板通用结构

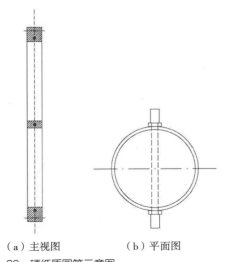

（a）主视图　　　（b）平面图

图4-23 硬纸质圆管示意图

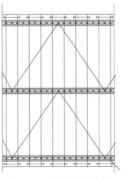

图4-24 墙体通用结构

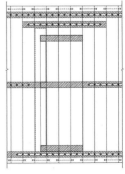

图4-25 门窗通用结构

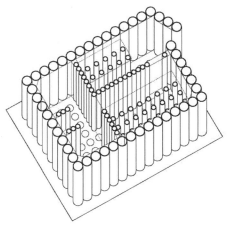

图4-26　典型户型结构

4.3　采用柔性设计方法的临时性微型建筑

4.3.1　对临时性建筑的改进设计

在一些具有临时性居住需求的场合，例如大型公共活动如奥运会、亚运会、世界博览会等搭建的临时性场馆、灾害后对无家可归的人员进行安置的房屋、各种工地上对工人进行夜间安置的工棚或集装箱房、仅在一段时间内具有使用价值的售楼处或样板房等，这些建筑均可称之为临时性建筑。

由于临时性建筑耐久性较差，必须在一定时间期限内予以拆除，所以必须要尽量降低建筑造价，以满足经济性要求。目前，很多临时性建筑均属于简易型居住空间，虽然成本较低，但在满足人员居住舒适性方面却存在着明显的不足。尤其是对于仅供一两人使用的小型或微型建筑空间，由于围护结构中很少设置保温材料，在寒冷的天气下，人员的保暖性成为一个很大的问题。另外，由于这种简易型居住空间多为无任何家具设施的矩形空间，建筑建造并安置完成之后，还需要对建筑内部进行二次装备，才能够满足人员的各种生活功能，但这种二次装备会导致建筑整体成本的追加，对于使用期限很短的临时性建筑，这种追加的成本难以回收，将造成严重的浪费。

随着社会的进步，人们在生活质量方面的需求日益提高，对临时性建筑进行改进设计，以提高该类建筑中人员的居住舒适性，已成为当务之急。临时性建筑的改进设计思想主要包括以下五个方面：

（1）在提升建筑热环境方面尽量采用较为简易、经济性好的临时性措施，避免使用代价较高的永久性措施。

（2）可将家具设施的设计整合入建筑设计的范畴之内，通过合理有效的设计方法实现配套设施一体化。

（3）在建筑设计上尽量采用轻质建筑材料，以便于运输、建造、维护、拆除等各项环节。

（4）将建筑设计方案转化成系列化产品，制定具体的生产工艺，以便于批量生产，从而减少建筑制造成本。

（5）尽量简化建造或安装工艺，提高临时性建筑的可回收性和可迁移性，使其可以在拆除后进行简易修护，然后易地组装，从而让建筑可以重复使用。

4.3.2　人体工程学柔性设计方法

人体工程学（Ergonomics）是一门研究处在某种环境中的人体健康、安全、舒适和工作效率的科学，与人体解剖学、生理学、心理学密切相关，最早用于探求人与机械之间的协调关系。随着建筑行业"以人为本"思想理念的深入贯彻，人体工程学在建筑设计中的应用逐渐被予以重视。

4.3.2.1　人体工程学曲面床的设计方法

人体在建筑内进行各项活动时，将做出站、坐、蹲、躺、走、跑等各种动作，在这些动作中，四肢的运动轨迹均是曲线，人体最大活动范围所形成包络面也是一个封闭的曲面。而对于一般性的建筑，大多都是矩形空间，与人体活动形成的曲线或曲面并不匹配。即使在比较大的空间中，这种不匹配也会对人体的活动造成一定的不便，而在微型建筑的小空间内，人体更是非常容易被建筑表面所阻碍甚至发生磕碰。在家具设计领域，多采用边角部位圆滑过渡的方法减少磕碰的可能性，也有一些利用人体工程学原理设计出的家具，如人体工程学椅、人体工程学床等。

图4-27是一种人体工程学曲面床，这种床按照标准体型人体的身高、身宽、身体比例、三围等几何参数，采用人体工程学方法进行床体形状和结构设计，床面从前向后依次由靠背顶部曲面、靠背脊部曲面、靠背底部曲面、床面前部曲面、床面中部曲面、床面中后部曲面、床尾部曲面、床尾端部转角和床尾下部曲面构成，形成光滑相切过渡的一体表面。

在这些曲面中，靠背顶部曲面、靠背底部曲面、床面中部曲面和床尾部曲面均为向下凹陷的圆弧曲面，而靠背脊部曲面、床面前部曲面和床面中后部曲面均为向上凸起的圆弧曲面。床尾下部曲面为向床体外侧凸起的圆弧曲面，床尾部曲面与床尾下部曲面通过向床体外侧凸起的床尾端部转角相切过渡并连接，床面一侧的中部连同床侧板上设有向床体内侧凹陷的侧板曲面，侧板曲面的形状是从上至下半径呈渐变式缩小的圆弧曲面，床尾下部曲面的中部设有床尾凸起，床尾凸起的形状为从上至下半径呈渐变式缩小的圆弧曲面。

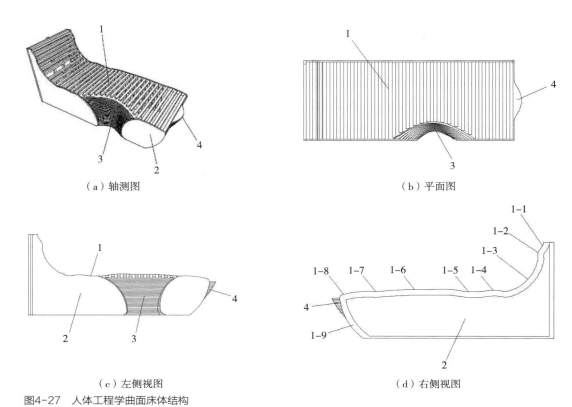

（a）轴测图　　　　　　　　　　　　　　　　　　　（b）平面图

（c）左侧视图　　　　　　　　　　　　　　　　　　（d）右侧视图

图4-27　人体工程学曲面床体结构

1 床面；1-1 靠背顶部曲面；1-2 靠背脊部曲面；1-3 靠背底部曲面；1-4 床面前部曲面；1-5 床面中部曲面；
1-6 床面中后部曲面；1-7 床尾部曲面；1-8 床尾端部转角；1-9 床尾下部曲面；2 床侧板；3 侧板曲面；4 床尾凸起

对于标准体型的人体，床体曲面可以用背部倚靠于其上，进行看书、看电视、使用手机等行为；人在倚靠的时候，头部、颈部、背部、臀部和腿部所构成的生理曲线均与床面的形状相吻合，减少床的支撑力所导致的人体变形，使颈椎、腰椎、骶椎、尾椎等骨骼结构达到受力很小的舒展状态，从而提高人倚靠于床头的舒适性；人在床面上平躺时，头部、颈部、背部、臀部和腿部所构成的生理曲线均与床面的形状相吻合，减少床的支撑力所导致的人体变形，使颈椎、腰椎、骶椎、尾椎等骨骼结构达到受力很小的舒展状态，并改善人体血液循环，从而提高人的睡眠质量；人在做出上床和下床动作的时候，曲面的形状与大腿和小腿划过的曲面相吻合，使人在上床和下床时能够行动舒畅，减少了产生磕碰的可能性；床尾曲面使人可以用臀部就坐于其上，进行看书、写字、使用电脑等行为，人在床尾就坐的时候，腿部向后自然收缩，与床尾下侧的曲面形状相吻合，使腿部能够达到舒展状态，提高人就坐于床尾的舒适性。

对于非标准体型的人体，曲面床的各项尺寸均会发生变化，若要完全符合人体工程学的参数要求，则需要在尺寸计算的基础上进行量身定做，还可将人体和床体的各项数据相对应，得出两者之间的函数关系式，并以此作为产品生产的依据。

4.3.2.2　人体工程学家具

图4-28是我们采用木龙骨结构设计并制造出的各种人体工程学家具模型，包括床、书桌、灶台和吊柜。其中床的设计方法在上文中已详细说明，其他家具的设计同样采用人体工程学理念，主要设计思想如下。

（1）书桌：遵循了人员就坐时一系列动作组合的肢体轨迹。桌面靠人体一侧中部向后的弧形凹陷可适应于女性就坐时胸部的曲线，弧长和曲率半径的确定均以标准人体的尺寸为准。桌面靠人体一侧下方逐渐向后退却的曲线可适应于人体就坐时腿部的曲线，曲线的形状也是以标准人体的尺寸为准。桌面下方向后退却部分设有多个储物隔断，可改善微型建筑室内储物空间紧缺的问题。

（2）灶台：遵循了人员烹饪时一系列动作组合的肢体轨迹。灶台主体呈转角型，以充分

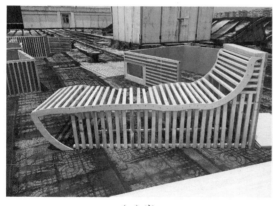
（a）床

（b）书桌

（c）灶台

（d）吊柜

图4-28　人体工程学家具

图4-29　吊柜与床的相对位置

利用墙角处的建筑空间。灶台的内转角处为弧形曲线，可适应于人体在以站姿烹饪时的腰部扭动，弧长和曲率半径的确定均以标准人体的尺寸为准。灶台下方设有的多个储物隔断可放置锅碗瓢盆等。另外，在台面尺寸的设计上，还考虑到了人的手臂的可及范围，而灶台内转角弧形曲线的设计则可使人的手臂进一步向墙角处延伸，即使位于墙角最靠里的烹饪用品，也处于手臂的可及范围之内。如此的设计方法在最大限度上利用了灶台台面的面积，有助于微型建筑的空间极限利用。

（3）吊柜：遵循了人员在室内活动时一系列动作组合的肢体轨迹。在微型建筑的整体设计中，由于吊柜位于床的正上方（图4-29），所以考虑了人在床上活动时（如坐起、上下床）标准人体头部的运动轨迹，这样的设计方法可在保证人体活动顺畅的前提下尽可能地将房间顶部的空间作为储物空间，以提高微型建筑室内空间的利用率。

4.3.3　基于人体运动轨迹的微型居室结构设计

在微型建筑空间内，人体活动范围极度狭窄，即使在房间布置采用人体工程学原理设计出的各种家具，也只能在单纯使用该家具时提高人体舒适性，由于各个家具之间以及家具与围护结构之间的距离过近，人体活动时发生磕碰的可能性仍然很高。另外，由于微型建筑内部的使用面积和容积都非常有限，对空间的有效利用更显得尤为重要。为了进一步改善人体在房间中活动的顺畅程度，提高人体的居住舒适性，同时充分有效利用房间的内部空间，有必要基于人体的运动轨迹，采用人体工程学方法，对微型建筑内部结构进行整体性的设计。

4.3.3.1　功能分区

图4-30是一种空间可极度压缩的微型居室结构，可将睡眠、烹饪、工作、学习、进餐、

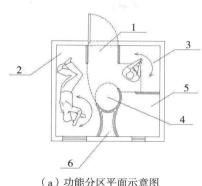

（a）功能分区平面示意图	（b）家具布置轴测图

图4-30 基于人体运动轨迹的微型居室结构

1 交通区；2 就寝区；3 烹饪区；4 工作区；5 盥洗区；6 储藏区

储物和盥洗生活功能空间集为一体，利用隔墙将矩形的微型居室划分为交通区、就寝区、烹饪区、工作区、盥洗区和储藏区六部分，其中交通区、工作区和储藏区位于微型居室的中部，工作区位于交通区和储藏区之间，就寝区位于微型居室的一侧，烹饪区和盥洗区位于微型居室的另一侧。

交通区位于微型居室的中心，作为整个居室的核心交通空间可直接连接就寝区、烹饪区、工作区和盥洗区，该结构的设置有效地压缩了微型居室所需的交通面积，以使人在微型居室内的行为动作更为通畅，行为切换更加便捷。

交通区与就寝区之间设有一道隔墙和呈凹形曲线的就寝区开放边界，就寝区开放边界处的交通区区域是以人在上下床时的行为动作范围构成的空间区域。交通区与烹饪区之间设有一道隔墙和呈近似"L"形曲线的烹饪区开放边界，烹饪区开放边界处的交通区区域是以人在烹饪时的行为动作范围构成的空间区域。工作区面向交通区的工作区开放边界呈卵形曲线，工作区开放边界的交通区区域是以人在工作、学习和进餐活动时站立和就坐行为动作范围构成的空间区域。交通区与就寝区、工作区和烹饪区之间可以实现空间利用的相互叠合，就寝区和工作区也可以进行互动，就寝区开放边界和工作区开放边界的设立增强了就寝区和工作区的互动关系，可方便居住者倚靠就寝区的床具使用所述工作区中的工作台面。

4.3.3.2 曲线空间

为了减少人员在居室内部进行各种肢体运动时的行为障碍和尽可能地减少空间上的浪费，交通区、就寝区、烹饪区、工作区、盥洗区和储藏区均利用曲线空间设计而成。就寝区位于所述外门的一端较窄，而位于微型居室内的另一端则较宽，以适合人在床上时上肢运动范围较大、下肢运动范围较小的特点，有效地压缩了就寝区的闲余空间。隔墙和就寝区开放边界均为连续的曲线形,以使人员在该区进出、坐卧、侧躺等动作过程时均保持顺畅、肢体边缘无碰撞。烹饪区呈近似"L"形空间,空间的深度可保证站在烹饪区开放边界处的交通区区域内人员的手臂能够在烹饪区中任意伸展,使人员在该区进出和烹饪的动作过程里均保持顺畅、肢体边缘无碰撞。工作区为卵形空间结构,伸入工作区内部,可使人员在工作区中行走和使用时顺畅无障碍。工作区开放边界可与就寝区开放边界相贴合,以实现两区的亲密互动。盥洗区呈近似方形空间,盥洗区与工作区和储藏区的隔墙为曲线形,挤压出了部分的闲余空间给工作区和储藏区,使人的通行和盥洗行为更加通畅。储藏区位于工作区的后部,以就寝区和盥洗区相邻的曲线形隔墙构成,利用微型居室不能被利用的闲余空间,且紧邻工作区、就寝区和盥洗区,并可同时为这三区服务。就寝区内设有较窄的床具或与就寝区的空间形态相匹配的一头宽一头窄的异形床具,以适合人在床上上肢运动范围较大、下肢运动范围较小的特点,有效地压缩了就寝区的闲余空间,避免微型居室内空间的浪费。

通常情况下,就寝区内可设有吊柜和搁物架设施,烹饪区内可设有安装橱柜和吊柜,工作区内可设有与工作区空间形态相匹配的工作台面,储藏区内可设有搁板,储藏区周围的就寝区、工作区和盥洗区的隔墙上也可设有为对应区域提供储藏空间的储藏洞,盥洗区内可设置马桶、洗手池、洗浴喷头和置物架。

这种微型居室结构以人体行为规律为空间设计的依据,在空间极度压缩的前提条件下,可最大限度满足人体活动的通畅性和舒适性,从而保证微型居室满足睡眠、烹饪、工作、盥洗、进餐等人体活动的基本需要,有效提高微型居室在建筑功能性和舒适性方面的品质。该微型居室结构的成本和施工费用远低于一般商品化住宅,具有节能、节材、节地的优点,可广泛适用于各种人群的居住要求。

4.3.4 卷制式临时性微型建筑

对于一般的建筑,围护结构均是平直壁面,即使房屋内部结构和家具的设计符合人体工程学,建筑所固有的围护结构仍会成为束缚柔性空间的一种障碍。对于临时性微型建筑,在建筑的生成方式方面可以采用更加灵活的手段,对围护结构的设计也可以采用一些更加独特的方法。

4.3.4.1 采用卷制方法生成微型建筑

图4-31是一种采用卷制方法生成的临时性微型建筑,这种建筑的侧面由柔性组合板卷制而成,形成侧面的围护结构。柔性组合板由外至内分别为压型钢板层、橡塑保温材料层、热反射铝箔层、硅胶加热片层和弹性橡胶面层。柔性组合板的五层结构中,压型钢板层形成卷曲状壳体,可与构型钢制龙骨一起形成稳固的建筑结构;橡塑保温材料层能够给居室提供良好的保温性能,并且具有防潮、防震和隔音的性能;硅胶加热片层外接电源,用于为房间

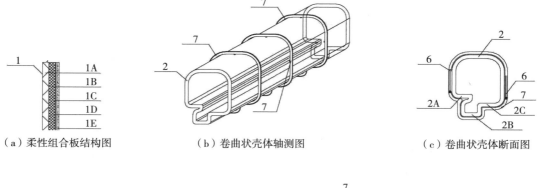

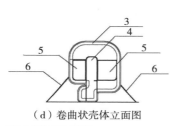

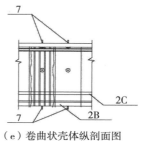

图4-31　卷制式临时性建筑

1 柔性组合板；1A 压型钢板层；1B 橡塑保温材料层；1C 热反射铝箔层；1D 硅胶加热片层带；
1E 弹性橡胶面层；2 卷曲状壳体；2A 构成桌面的部分壳体；2B 构成地面的部分壳体；
2C 构成床面的部分壳体；3 轻钢结构保温隔板；4 门；5 窗户；6 斜撑；7 构形钢制龙骨

加热；热反射铝箔层可防止热量向居室外侧流失；弹性橡胶面层则可有效降低人体与建筑壳体的磕碰风险。

在生成建筑之前，需要先得到标准人体各个生活姿态的相关数据，在此基础上设计建筑壳体内侧的剖面轮廓线，使其与人体各个生活姿态所需要的最小面积剖面的组合形态轮廓线尽量保持一致。根据使用人员的具体需要，这种临时性建筑可以在遵循人体生活姿态轮廓线的前提下卷制成各种各样的形状。

以图4-31中的这种设计方案为例，卷曲状壳体在下部具有两个弯曲部分，一个形成床具兼坐具，另一个形成桌面。这两个弯曲部分之间形成供人行走的水平地面和就坐时腿部搁置的空间，第一个弯曲部分由构成桌面的部分壳体形成，构成桌面的部分壳体为水平光滑平面，一侧与壳体的侧壁垂直相连，并形成圆角，另一侧向内下方急剧弯曲后，与构成地面的部分壳体垂直相连，并形成圆角。第二个弯曲部分由构成床面的部分壳体形成，构成床面的部分壳体为水平光滑平面，其中一侧与壳体垂直相连，并形成圆角。构成地面的部分壳体位于壳体的底部，为水平光滑平面。壳体在上方顶部左右两侧各有两个弯曲部分，弯曲角度也为90°，两个弯曲部分之间形成水平状居室顶棚，两个弯曲部分的侧边形成垂直状居室侧壁。

由柔性组合板卷制所形成的长直壳体，在制造完成之后，可以将其切割成若干段，每一段壳体的长度都可以灵活选择，每一段壳体两端安装隔板后均可成为一间独立的居室，可供一人或多人同时使用，卷制式微型建筑的门窗均可设置于隔板上。

卷制式临时性微型建筑中，还包括用于加固壳体的构形钢制龙骨，构形钢制龙骨套在所述卷制式温暖居室壳体外侧，在壳体的长度方向，若干构形钢制龙骨以一定间隔排开。在构形钢制龙骨的左右两侧各自设置有一个斜撑，用来加强居室结构的稳定性，斜撑的长度和角度可以通过伸缩装置及旋转定位锁紧装置来进行调整。

4.3.4.2　卷制式临时性微型建筑的特色和优势

（1）可一次卷制成形，制造方便，可迅速安装。

（2）基本家具与结构壳体一次成形，不需要后期装修与制备，即建即住，成本低廉。

（3）采用人体工程学设计方法对居室外壳进行设计，使其在满足基本休憩空间的前提下，同时具有较高的舒适性。

（4）围护结构不需要设置保温层，而是采用热传导的方式直接对人体进行加热，即使在寒冷天气下，居住者同样可获得很好的保暖效果，且能使由于灾害等原因造成的人体失温迅速得到温度补偿。

（5）建筑空间的长短可由用户的需求来确定，这种建造和切割方法既可实现批量化的工业生产，也可满足建筑的个性化要求。

（6）使用的柔性材料具有良好的隔音、防震和保温效果，解决了一般性临时居所的隔音、防震和保温效果差等常见问题。

（7）回收非常方便，可多次重复使用，卷制好的外壳偶有切割剩下的余料也可以收集拼接起来，形成新的居室。

4.4　插板式全通风微型建筑

4.4.1　全通风建筑

在天气较为炎热的国家或地区，加强自然通风是改善建筑室内热环境和人体热舒适的重要措施，"全通风建筑"是指将整个墙面完全开放进行通风的建筑，以往多用于一些工业厂房的设计，可将室内污染物尽快排放到室外并进行稀释，以保障室内工人的健康安全。国外也有一些建筑师对民用建筑进行了全通风设计，例如法国马提尼克岛的Rectorate of the Academy of Antilles and Guiana、美国佛罗里达州的萨拉索塔的Canoon住宅、英国Garston港的Building Research Establishment Office Building等[1]。图4-32是法国全通风建筑的代表作品Rectorate of the Academy of Antilles and Guiana，该建筑的长边完全敞开并安装有活动的百叶，

在气候持续热湿的加勒比海地区，可使大量
空气进入室内且能保持较小流速，既能给办
公室降温，又不会吹散纸张。所有的通风口
上装设有百叶遮阳装置，以减弱因太阳辐射
而引起的热负荷。

图4-32　法国马提尼克岛的Rectorate of the Academy
of Antilles and Guiana

4.4.2　插板式全通风微型建筑结构

在微型建筑中，由于人体和其他热源的
热积聚效应，炎热天气下室内更容易出现过
热的情况，同时，室内的二氧化碳和其他污
染物也更容易聚集在人体附近，从而对人体
产生危害。对于炎热地区的微型建筑，在功能和舒适性方面的要求与极限空间之间存在着更
为尖锐的矛盾，为了降低室内温度并提高室内空气品质，采用全通风建筑设计方法是尤为必
要的，而对于建筑结构的设计，则成为微型建筑设计的关键问题。

图4-33是一种插板式全通风微型建筑，建筑结构的主体由前墙结构、后墙结构、侧墙、
屋顶和地板组成。前墙结构和后墙结构均为全通风格栅结构，且结构相同。侧墙为普通墙
体，包括左右两面墙体，其中一面侧墙上设置有门。为了利用南墙和北墙外侧空气之间的温
差以实现良好的热压通风，应将全通风格栅结构设置于南北两面墙的位置。

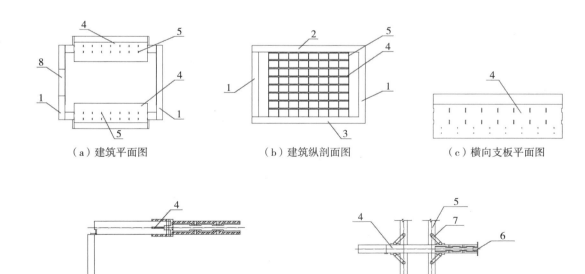

图4-33　插板式全通风微型建筑结构
1 侧墙；2 屋顶；3 地板；4 横向支板；5 纵向支架；6 支板端部构件；7 斜撑；8 门

全通风格栅结构的主体由横向支板、纵向支架和插板组成。横向支板为长条状钢木结构，在宽度方向可分为室内、中间和室外三个部分。横向支板室内部分主体为钢质材料，其端部开设有一个锯齿形缝隙，锯齿形缝隙表面衬有弹性垫层。横向支板室内部分还开设有多组支板销孔，每一组支板销孔至少为两个。横向支板中间部分和室外部分的内部设有钢制加强板筋，外部包裹胶合木材料。横向支板中间部分在横向支板长度方向开设有两排等间距的若干条形卡槽。横向支板室外部分的端部为百叶折板，百叶折板通过转轴与横向支板的主体连接，百叶折板的宽度略大于上下两个相邻横向支板的间距。百叶折板由保温材料制成，可在不需要通风时弯折，使其端部紧贴其下侧的横向支板，使墙体具有一定的保温效果。也可在横向支板室外部分的端部敷设保温材料，当百叶折板弯折时，整个墙体将形成连续的保温体系，从而进一步增强该建筑的保温功能。百叶折板的弯折可通过手动或电动方法进行控制。

纵向支架由多个矩形钢条组成。纵向支架的横断面的长宽尺寸略小于条形卡槽的长宽尺寸，以使每个纵向支架均能插入于相应的条形卡槽之中。纵向支架在垂直方向贯穿若干横向支板，并保证相邻横向支板之间的间距相等，若干个横向支板形成横向格栅结构。纵向支架与横向支板之间通过斜撑进行固定，斜撑与横向支板之间设有连接件。纵向支架的上下两端分别固连于前墙和后墙位置的屋顶和地板。纵向支架两两一组，在水平方向等间距布置于前墙或后墙位置，其间距等于横向支板相邻条形卡槽的间距，从而形成纵向格栅结构。优选的，可以在上下相邻两个横向支板之间的中部位置设置纱网，以在百叶折板开启时阻挡灰尘和飞虫等。每一个横向支板在长度方向的两端与至少一边的侧墙之间留有一定的间隙。

插板为一组矩形木板。木板的一端为锯齿状，锯齿的形状与锯齿形缝隙的锯齿形状相互咬合。插板的锯齿状一端设有若干个销孔，与支板销孔对应。插板的另一端也设有若干个销孔。插板可先以与地面平行的位置放置入间隙，然后将锯齿的形状对准锯齿形缝隙，将插板在水平方向移动，逐渐插入锯齿形缝隙之中所需的位置处。

插板用作室内不同家具的台面，每个锯齿形缝隙中均可插入若干个插板。插板可设为不同长度，例如在本案例中，可分为1#、2#、3#、4#、5#、6#和7#七种长度，如图4-34所示。其中1#插板最长，同时插入前墙和后墙支板的锯齿形缝隙中，其

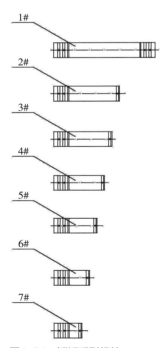

图4-34 插板系列组件

余六种长度的插板仅插入前墙或后墙其中一面的支板的锯齿形缝隙中。

支板端部构件为带有凸起的挡板，用于堵住未插入插板的锯齿形缝隙。可用螺栓贯穿支板销孔和插板销孔，从而对横向支板和插板之间进行连接固定。插板端部构件为带有凸起的长条形挡板，凸起的上下两侧设有通孔，对应于插板另一端的销孔，可用螺栓贯穿销孔和通孔，从而对相同长度且相邻的插板之间进行连接固定。

4.4.3　插板式全通风微型建筑工作状态

根据使用场合的不同，插板式全通风微型建筑可通过不同百叶折板的开启或关闭，实现以下五种工况，如图4-35所示。

（1）全通风工况：南墙和北墙的所有百叶折板全部开启。此工况适用于房间需要大范围通风换气的情况。

（2）一侧封闭工况：南墙或北墙其中一面的所有百叶折板全部开启，另外一面的所有百叶折板全部关闭。此工况适用于房间需要较大范围通风换气，且建筑某一侧空气质量较差，不适合通风的情况。

（3）局部通风工况：南墙和北墙的少数百叶折板开启，其余百叶折板全部关闭。此工况适用于房间需要小范围通风换气的情况。

（4）全封闭工况：南墙和北墙的所有百叶折板全部关闭。此工况适用于房间需要完全保温的情况。

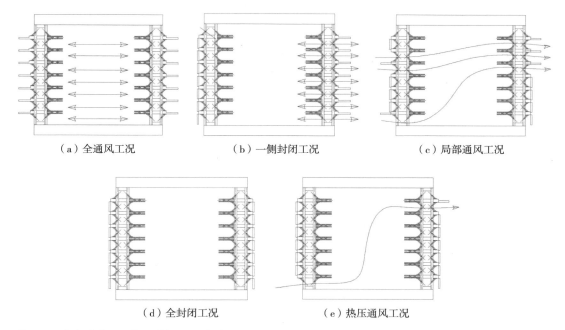

（a）全通风工况　　　　　（b）一侧封闭工况　　　　　（c）局部通风工况

（d）全封闭工况　　　　　（e）热压通风工况

图4-35　插板式全通风微型建筑工况示意图

（5）热压通风工况：南墙下侧的部分百叶折板开启，北墙上侧的部分百叶折板开启，其余百叶折板全部关闭，建筑南侧的热空气从南墙开口进入房间，在室内浮升，并从北墙开口离开房间。此工况适用于白天太阳辐射较强，建筑南北侧空气温差较大的情况，可使建筑开口不是很大的情况下在室内形成良好通风效果。

4.4.4 插板组合实例

插板式全通风微型建筑可以根据使用者的要求，通过对不同型号插板的灵活设置，将家具与建筑进行整合，对房间结构进行优化设计，形成不同的建筑实例，使微型建筑在极小的空间内最大限度实现其各种生活功能。

4.4.4.1 建筑实例一

参照图4-36所示，在房间的一侧使用若干块6#插板形成楼梯，楼梯的下方顺着楼梯升高的方向使用4#插板，分别形成凳子和桌子，房间的另一侧使用若干块4#插板形成低位单人床，楼梯顶部使用若干块1#插板形成转角平台，在房间另一侧的高处使用若干块4#插板构成高位单人床。

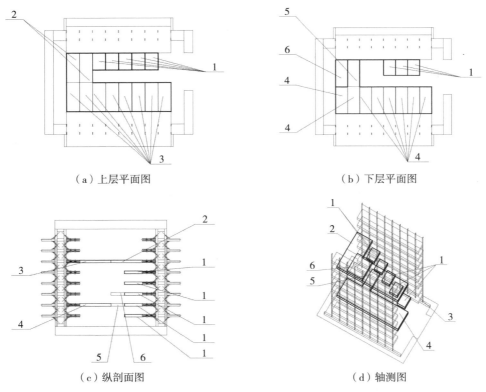

（a）上层平面图　　　　　　　　　　（b）下层平面图

（c）纵剖面图　　　　　　　　　　（d）轴测图

图4-36　插板式全通风微型建筑实例一
1 楼梯；2 平台；3 高位单人床；4 低位单人床；5 凳子；6 桌子

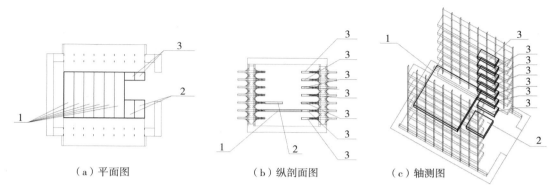

（a）平面图　　　　　　　　（b）纵剖面图　　　　　　　（c）轴测图

图4-37　插板式全通风微型建筑实例二
1 双人床；2 桌子；3 置物架

对于此实例，微型建筑空间中可居住二人，用作亲子卧房等。居住者既可在房间下部使用凳子、桌子、低位单人床进行工作、学习、就餐、就寝等活动，也可通过楼梯和转角平台，在房间上部的高位单人床进行就寝。

4.4.4.2　建筑实例二

参照图4-37所示，使用若干块1#插板形成双人床，床头一侧使用若干块5#插板形成桌子，桌子的位置高于双人床，使人可以坐在双人床的床头使用桌子。双人床床头的另一侧使用若干块7#插板形成多层置物架。

对于此实例，微型建筑空间中可居住二人，用作夫妻卧房等。两名居住者可同时在双人床就寝，其中一人也可使用双人床床头的桌子进行工作、学习、就餐等活动，而多层置物架则可用来存放物品。

4.4.4.3　建筑实例三

参照图4-38所示，在房间的一侧使用若干块6#插板形成楼梯，楼梯对面使用4#插板形成短凳子和短桌子，楼梯的下方顺着楼梯升高的方向使用若干块1#插板，分别形成长凳子和长桌子，楼梯顶部使用1#插板形成转角平台，并使用若干块4#和6#插板，在房间另一侧的高处形成空中平台和短凳子。

对于此实例，微型建筑中可居住1～2人，用作书房等。居住者可使用长凳子和长桌子进行工作、学习、就餐等活动，也可通过楼梯和转角平台登上空中平台，并在短凳子上就坐，可休息、看电视、使用笔记本电脑等。

4.4.5　插板式全通风微型建筑的特色和优势

（1）本产品通过建筑结构的设计，可使微型建筑具有良好的通风性能和一定的保温性能，尤其适用于需要进行全面通风的炎热地区。

109

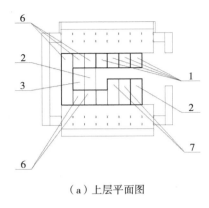
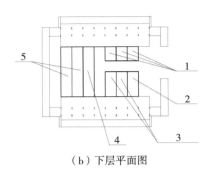

（a）上层平面图　　　　　　　　　　　（b）下层平面图

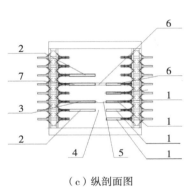
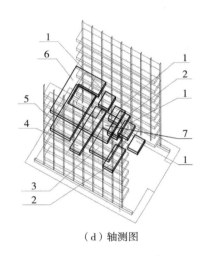

（c）纵剖面图　　　　　　　　　　　（d）轴测图

图4-38　插板式全通风微型建筑实例三
1楼梯；2短凳子；3短桌子；4长凳子；5长桌子；6转角平台；7空中平台

（2）本产品将家具与建筑进行整合，对室内空间进行优化设计，使其在房间极小的情况下最大限度提高空间利用率，尽可能实现不同的生活功能，从而使微型建筑更加适合居住。

4.5　折叠式微型建筑

4.5.1　建筑净高与室内环境的关系

建筑空间的高度，或称建筑净高，一般是指地板表面到天花板表面的垂直距离。不同于建筑开间和进深，在不设置楼梯的情况下，建筑净高对室内人员的活动基本没有影响，但却涉及家具和家电的布置，而且净高越大，人也会感觉房间越宽敞。

需要指出的是，建筑净高与室内环境存在着一定的联系，主要表现在以下三个方面：

（1）热湿环境：根据空气自然对流原理，房间内的热空气会向上浮升，冷空气会向下沉降，空气中的水蒸气也会随着空气的流动而在室内发生迁移。当建筑净高较小时，空气流动的受限性则会造成炎热天气时房间中人员的过热感觉。当建筑净高较大时，热空气会积聚于房间的顶部，寒冷天气时不利于房间下部人员的保暖，也不利于节能。

（2）通风状况：根据热压通风的原理，房间净高越大，对热压通风越有利，在炎热天气下，对通风的加强可使室内人员感到更加舒适，同时也可改善室内的空气品质。但在寒冷天气下，室内人员大多不希望过高的风速，此时房间净高应小一些。

（3）声光环境：建筑净高的不同会影响到室内的各个尺寸，进而影响到建筑围护结构对声波的吸收和反射情况，改变房间内的混响方式。建筑净高也会影响到光波的吸收和反射，另外还与房间的照度和亮度有关，可通过对门、窗等透光围护结构的设计来提高房间的采光性能。

对于一般性的建筑，一旦设计建造完成，建筑净高就已经不可调整，然而由于微型建筑在设计上的高度灵活性，却使这种空间调整方式成为可能，这也为改善微型建筑室内环境的举措提供了一种新的思路。

4.5.2　折叠式微型建筑的结构

图4-39是一种可调整建筑净高的折叠式微型建筑，本建筑结构的主体由底座、伸缩柱、楼板结构系统、柔性墙面结构、通风结构和弹性门组成。

折叠式微型建筑的底座为钢制结构，通过螺栓连接方式固连于地基。底座中部位置安装有两个钢制结构的伸缩柱，两个伸缩柱的间距范围为1～2m。伸缩柱为三段可伸缩结构，分别为底柱、中柱和顶柱，沿伸缩柱柱体方向上邻近位置开设有两组贯通孔，两组贯通孔开设方向相垂直。

楼板结构的轮廓为椭圆形，长短轴比例大于等于1且小于2，由一根主直梁、多根辅直梁、多根椭圆圈梁、面板和斜撑组成，如图4-40所示。楼板结构系统的主直梁以伸缩柱为中心，插于上部贯通孔之中。辅直梁位于主直梁的下部，均在同一平面上，其中两根辅直梁以伸缩柱为中心，插于对应的下部贯通孔之中，其余辅直梁均匀分布于结构系统中。椭圆圈梁为一组形状相似、大小不同的椭圆形框架，每根椭圆圈梁均由若干根弧形梁拼接而成，通过螺栓固连于主直梁的两侧，最外层椭圆圈梁的长轴与主直梁的长度相同，椭圆形的两个焦点分别为两个伸缩柱的中心位置。椭圆圈梁的下侧通过螺栓与辅直梁固连。面板为椭圆形，与最外层椭圆圈梁的大小和形状相同，敷设于椭圆圈梁的上方。斜撑位于楼板结构系统的下方，用来将楼板结构系统与伸缩柱之间的连接结构进行加强，以增强楼板结构系统的稳定性。主直梁、辅直梁和椭圆圈梁可采用轻钢结构、胶合木结构或钢木混合结构，面板为木质结构。

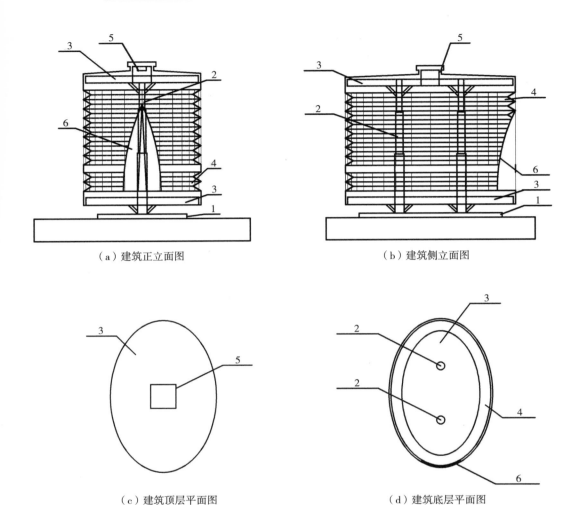

（a）建筑正立面图　　　　　　　　　　　　（b）建筑侧立面图

（c）建筑顶层平面图　　　　　　　　　　　　（d）建筑底层平面图

图4-39　折叠式微型建筑主体结构

1 底座；2 伸缩柱；3 楼板结构；4 柔性墙面；5 通风结构；6 弹性门

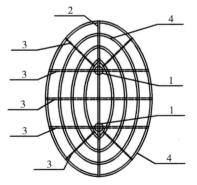

图4-40　折叠式微型建筑的楼板结构

1 伸缩柱；2 主直梁；3 辅直梁；4 椭圆圈梁

楼板结构属于一种通用结构，既可用作地板，也可用作顶板，当建筑设计有跃层结构时，还可用作中间层的楼板。其中地板安装于伸缩柱底柱下部接近底座的位置，与底座平行。底座与地板中间留有不小于15cm的间隙，以起到防水的作用。顶板安装于伸缩柱顶柱的顶部，与底座平行。顶板的中间部位设置有矩形开口。顶板上部的面板上方应设置保温层和防水层，并在上表面设置2% ～3%的坡度以利于排水。中间层楼板可根据需要安装于伸

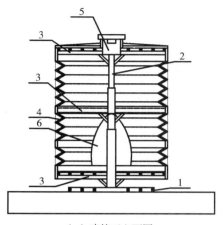

（a）建筑正立面图　　　　　　　（b）建筑侧立面图

图4-41　折叠式微型建筑跃层结构
1 底座；2 伸缩柱；3 楼板结构；4 柔性墙面；5 通风结构；6 弹性门

缩柱的适当位置，与底座平行。中间层楼板上需要开设洞口，用以架设伸缩梯以便人员登至上层，同时也可改善上下楼层之间的通风，洞口的开设位置需避开主直梁、辅直梁和椭圆圈梁，如图4-41所示。

折叠式微型建筑的围护结构采用柔性墙面，如图4-42所示。柔性墙面结构为椭圆柱面形状，包括柔性面料，环形侧壁、连接杆

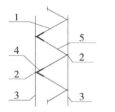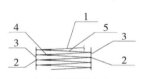

（a）褶皱展开时　　　（b）褶皱折叠时

图4-42　折叠式微型建筑的柔性墙面结构
1 柔性面料；2 连接杆；3 弹性绳；4 高吸收率涂层；
5 高反射率涂层

和弹性绳。柔性面料设置于楼板结构的外侧，由固连于楼板结构的环形侧壁连接固定，环形侧壁为高强塑料或胶合木材料，起到稳定柔性墙面结构的作用。柔性墙面结构在垂直方向也可以添加数个不固连于楼板结构系统的环形侧壁，以进一步增强整体结构的稳定性。柔性面料为张拉膜材料或牛津布材料，自顶板向下覆盖，直至地板。柔性面料在垂直方向上以一定间隔依次设置内外2个椭圆形连接杆。上下两根相邻的连接杆之间均连接有若干根弹性绳，用来控制柔性面料的拉伸与收缩，弹性绳上紧下松，使柔性面料在垂挂时形成均匀的皱褶的状态。

柔性面料在建筑外侧一面涂有不同材料的涂层，在皱褶向外凸起部分的附近为对太阳辐射高吸收率的涂层，例如黑漆涂层等；在其余大部分位置为对太阳辐射高反射率的涂层，例如聚氨酯银胶涂层等。寒冷天气时，需要减小建筑高度以增强保温，此时皱褶被折叠，柔性面料上的高反射率涂层绝大部分被压在面料内部，只有高吸收率涂层露在外面，可以增强建

筑吸收的太阳辐射，使室内更加温暖；炎热天气时，需要增加建筑空间高度以增强通风，此时皱褶被展开，建筑外侧以高反射率涂层为主，可以减少建筑吸收的太阳辐射，使室内更加凉爽。柔性墙面结构可在局部部位添加透明或半透明材料，以用来增强室内采光。

通风结构安装于顶板中心部位的矩形开口处，由顶板、侧壁、风口和引风板组成。通风结构顶板为矩形板，长宽略大于顶板矩形开口的长宽，四面侧壁分别垂直设置于顶板下侧的四边，围合成长方体的四个侧面，其中方向相对的两面侧壁上开设有风口。引风板垂直设置于顶板下侧的中部，用以将相对的两个风口隔开，以引导气流进出，从而进一步增强通风效果。

弹性门设置于柔性墙面的一侧，包括内侧和外侧的弹性织物层，如图4-43所示。内侧和外侧弹性织物层均是靠墙一边长度较长，可与柔性墙面通过缝纫或热压黏合方法连接；而另一边较短且彼此叠合，可通过尼龙搭扣使其可以闭合。

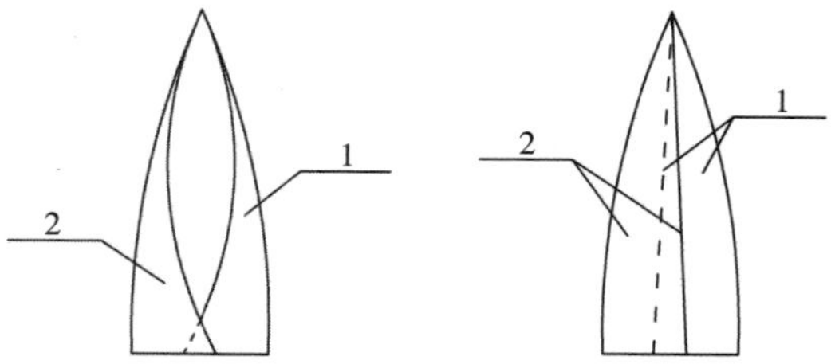

（a）开启时　　　（b）关闭时

图4-43　折叠式微型建筑的弹性门
1 内侧弹性织物层；2 外侧弹性织物层

4.5.3　折叠式微型建筑的工作状态

折叠式微型建筑结构可根据使用人员的实际需要调整伸缩柱的高度，使柔性墙面结构拉伸或收缩，使建筑高度发生改变，具体可分为以下四种工作状态，如图4-44所示。

工作状态一（夏季工况）：伸缩柱的中柱和顶柱均处在全伸长状态。此时建筑具有较大的高度，可增强热压作用引起的自然通风，使室内更加凉爽。

工作状态二（过渡季工况）：伸缩柱的中柱处在全伸长状态，顶柱收缩于底柱之内。此时建筑具有适中的高度，使室内冷热适宜。

工作状态三（冬季工况）：伸缩柱的中柱处在部分伸长状态，部分中柱和顶柱均收缩于底柱之内。此时建筑具有较小的高度，可减弱热压作用引起的自然通风，使室内更加温暖。

工作状态四（闲置工况）：伸缩柱的中柱和底柱均收缩于底柱之内。此时建筑完全折叠，降到最低高度，也具有最小的体积，适用于建筑在未使用的时候，如在装卸、运输等过程中。

4.5.4　折叠式微型建筑的特色与优势

（1）通过建筑结构的设计，可使微型建筑改变高度，具有对不同季节和不同地域气候环境良好的适应性。

（2）通过对柔性墙面的设计，使其在不同天气情况下对太阳辐射具有不同的吸收或反射

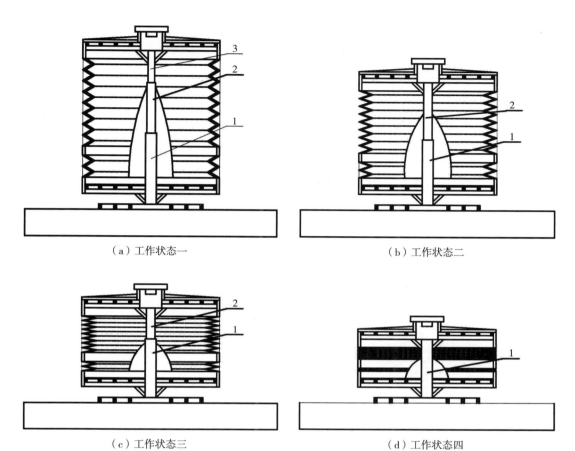

（a）工作状态一　　　　　　　　　　　　　　　（b）工作状态二

（c）工作状态三　　　　　　　　　　　　　　　（d）工作状态四

图4-44　折叠式微型建筑的四种工作状态剖面图
1 底柱；2 中柱；3 顶柱

效果，从而改善室内热环境。

（3）通过屋顶通风结构的设计，运用热压原理进行通风，并利用引风板进行导风，使建筑具有良好的通风性能。

（4）可根据需要增加建筑的楼层，以使建筑具有更广泛的适用性。

4.6　嵌套式微型建筑

4.6.1　嵌套式微型建筑主体结构

嵌套式微型建筑同样是一种可以通过调整建筑高度来提高人员居住舒适性的微型建筑形式，但调整建筑高度的方法却与折叠式微型建筑有所不同。折叠式微型建筑是采用伸缩柱，必须采用柔性墙面和弹性门等结构来配合楼板的升降，嵌套式微型建筑则是采取了一种将建筑构件通过嵌套方式进行组装的方法。

嵌套式微型建筑结构的主体由四个套筒组成，分别称之为第一套筒、第二套筒、第三套筒和第四套筒，另外还包括天窗结构、侧窗结构、侧窗填充构件、门结构、楼板结构和底座等。

四个套筒均是四棱柱形状，由盖板和四个侧板组成，横截面积一个比一个大一些，以使四个套筒能全部嵌套在一起。每两个套筒嵌套的方式可以是完全嵌套，也可以是部分嵌套，还可以是不嵌套，通过不同的嵌套组合，可以灵活调整建筑高度，也可以设计成跃层结构。

这些套筒的盖板上都开设有大圆孔，但作用并不相同，其中第一套筒的大圆孔用于安装天窗，其他三个套筒的大圆孔是为了使房屋上下通透，而第三套筒的大圆孔中额外设有圆环状楼板支架，可以安装中间层楼板。这些套筒的四个侧板上都开设有上下两排侧窗孔。四个套筒的其中一个侧面都开设有矩形门孔，但门孔的高度各不相同。每个门孔的一侧都设有隐形门空腔，另一侧都设有门卡槽，门板插入隐形门空腔时，门呈开启状态，全部拉出时，门呈关闭状态，门卡槽用于门关闭时将门卡死。每个套筒的内部都填充有保温材料。第二套筒和第四套筒侧板的靠下部分均涂有对太阳辐射具有较高反射率的涂层，例如铝粉漆、丙烯酸树脂等。四个套筒的主体形状如图4-45至图4-48所示。

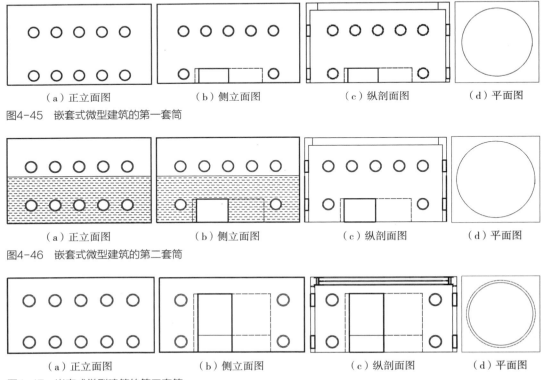

（a）正立面图　　　　（b）侧立面图　　　　（c）纵剖面图　　　　（d）平面图

图4-45　嵌套式微型建筑的第一套筒

（a）正立面图　　　　（b）侧立面图　　　　（c）纵剖面图　　　　（d）平面图

图4-46　嵌套式微型建筑的第二套筒

（a）正立面图　　　　（b）侧立面图　　　　（c）纵剖面图　　　　（d）平面图

图4-47　嵌套式微型建筑的第三套筒

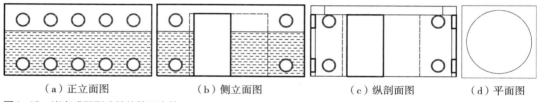

（a）正立面图　　　（b）侧立面图　　　（c）纵剖面图　　　（d）平面图

图4-48　嵌套式微型建筑的第四套筒

4.6.2　嵌套式微型建筑天窗结构

天窗结构安装在第一套筒的天窗孔之中，由天窗窗框、固定窗罩、双层透明板、天窗轴套、天窗轴和旋转窗罩组成，如图4-49所示。

天窗窗框为圆环形，箍在第一套筒盖板的天窗孔内侧，天窗窗框的上端设置有圆形的固定窗罩，固定窗罩外侧通过环形外框与天窗窗框固连。固定窗罩中间开设有一个圆孔。固定窗罩的圆形分成四个90°的扇形，四个扇形彼此之间以四根支杆分隔，其中相对两扇为外侧涂有对太阳辐射具有高反射率涂层的扇形板，另外两扇为空心。双层透明板位于固定窗罩的下部，为圆形，直径略小于天窗窗框内缘槽内壁的直径，透明板之间的空气间层可起到隔热保温的作用。天窗轴套为圆筒形状，设置于中心的圆孔之内，下部内侧开设有一个环形卡槽，同时开设两个一端连接环形卡槽，另一端连接轴套下端的垂直卡槽，两个垂直卡槽平面位置的连线通过轴套的圆心，呈180°角。天窗轴安装于天窗轴套之内，并穿过固定窗罩中间的圆孔，可以进行旋转，天窗轴侧面靠下的部位相对两侧各设有一个凸起，这两个凸起可以在天窗轴套下部的环形卡槽里旋转，并在各垂直卡槽中上下滑动，使天窗轴旋转、上升或下降，卡槽亦可对凸起进行限位。天窗轴的顶部固连有圆形的旋转窗罩，旋转窗罩外侧设有环形外框。旋转窗罩的圆形分成四个90°的扇形，四个扇形彼此之间以四根支杆分隔，其中相对两扇为外侧涂有对太阳辐射具有高反射率涂层的扇形板，另外两扇为格栅结构，格栅之间安装有条状透明挡板。

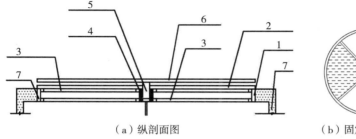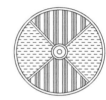

（a）纵剖面图　　　　　（b）固定窗罩平面图　　（c）活动窗罩平面图

图4-49　嵌套式微型建筑的天窗结构

1 天窗窗框；2 固定窗罩；3 透明板；4 天窗轴套；5 天窗轴；6 旋转窗罩；7 第一套筒

根据使用者的需要，天窗结构可设置两种天窗状态：

天窗状态一（夏季隔热工况）：在日照较强的炎热天气，将旋转窗罩升起，并旋转至使高反射率涂层扇形板与下部固定窗罩的空心位置相重合。此时固定窗罩和旋转窗罩的高反射率涂层扇形板均可对太阳光进行反射，形成360°反射窗罩，可有效减小进入室内的太阳辐射热量。另一方面，旋转窗罩和固定窗罩之间的空气间层也可起到通风屋顶的作用，使屋顶的热空气产生流动，将在屋顶积聚的热量带走，减少通过导热方式向下传入室内的热量。

天窗状态二（一般采光工况）：在不炎热的天气，将旋转窗罩降下，并旋转至使高反射率涂层扇形板与下部固定窗罩的高反射率涂层扇形板位置相重合。此时只有旋转窗罩的高反射率涂层扇形板可对太阳光进行反射，形成180°反射窗罩，太阳光线及辐射热量可从另外180°的半圆形窗扇格栅结构位置射入，其中大部分热量穿过双层透明板，最终进入室内。另一方面，旋转窗罩和固定窗罩之间没有空气间层，也可使一部分在屋顶积聚的热量通过导热方式向下传入室内。

旋转窗罩的升降和旋转，可通过电动方法控制，也可在天窗轴的下部安装一个手柄，通过手动方法控制。

4.6.3 嵌套式微型建筑侧窗结构

侧窗结构由侧窗主构件、侧窗窗扇和侧窗端部构件组成，如图4-50所示。

侧窗主构件为圆筒形状，可插入套筒的侧窗孔之中，若不同套筒的侧窗孔彼此重叠，侧窗主构件可插入多个侧窗孔之中，作为套筒之间的连接件。侧窗窗扇为圆形，圆面积略小于侧窗主构件的内圆截面积，安装于侧窗主构件的内部靠近室内的一侧，设有窗框、玻璃和转轴，转轴两端连接于侧窗主构件内壁的相对两侧，用于使侧窗窗扇旋转，以调节侧窗窗扇的开启或关闭状态。侧窗端部构件为圆筒形状，外侧设有环形凸起，以螺纹连接方式与侧窗主构件的两端连接，并用环形凸起进行限位，从而对侧窗主构件进行固定。

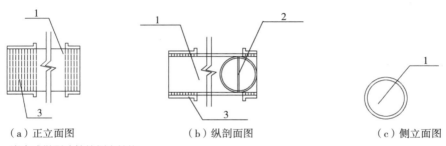

（a）正立面图　　　　　（b）纵剖面图　　　　　（c）侧立面图

图4-50　嵌套式微型建筑的侧窗结构
1 侧窗主构件；2 侧窗窗扇；3 侧窗端部构件

侧窗结构可根据用户对于通风和采光的需要，在四个套筒的一部分侧窗孔位置进行安装。侧窗主构件内部的圆柱形通道可使阳光经漫反射之后进入室内，防止室内出现眩光，减少室内人员的视觉不适感。

侧窗填充构件为有外缘且相互咬合的圆板状构件，构件穿过墙体部分的直径略小于侧窗孔的直径，构件外缘的直径大于侧窗孔的直径，可在侧窗孔不安装侧窗结构的情况下填入侧窗孔之中，对侧窗孔进行封闭。

4.6.4　嵌套式微型建筑楼板结构

楼板结构可安装于建筑的中间层，由楼板构架、楼板轴、楼板轴套、下层楼板和上层楼板组成，如图4-51所示。

楼板构架为圆形格栅状结构，其中7/8的扇形面积为格栅，1/8的扇形面积为空洞，安装于第三套筒的圆环形楼板支架之内，1/8的空洞位置处用于安装楼梯。楼板轴固定安装在楼板构架的中心位置，楼板轴套安装于楼板轴的外侧，分为上下两段，可绕楼板轴旋转。下层楼板和上层楼板均为具有一定承重能力的半圆形板，形状完全相同。下层楼板安装于楼板构架的上部，上层楼板安装于下层楼板的上部。下层楼板和上层楼板分别与上下两段的楼板轴套固连，可随楼板轴套的转动而转动。下层楼板和上层楼板的外缘底部均设有滚轮，滚轮位于楼板支架的环形槽之中，可在环形槽中滚动，使下层楼板和上层楼板进行转动，环形槽可同时对下层楼板和上层楼板的转动在垂直方向进行限位。

楼板结构包括五种地板模式，分别为1/2、5/8、3/4、7/8和全地板模式，如图4-52所示。在前四种地板模式中，可在楼板构架的1/8空洞位置处安装楼梯，以使使用者在建筑一层和二层之间通行。当使用者暂时不需要使用楼梯的时候，可使用全地板模式，使建筑的二层之中具有较为安静的环境。下层楼板的旋转可通过电动方法控制，也可在下层楼板的边缘安装若干个内凹式把手，通过手动方法控制。上层楼板和下层楼板的边缘可设置可拆卸式栏杆，以增加使用者在建筑二层活动时的安全性。

底座包括一个底板和四面侧板，外轮廓平面尺寸略小于第四套筒的平面尺寸，侧板的高

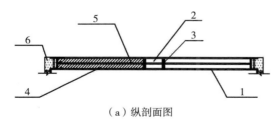
（a）纵剖面图

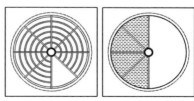
（b）上层楼板平面图　（c）下层楼板平面图

图4-51　嵌套式微型建筑的楼板结构

1 楼板构架；2 楼板轴；3 楼板轴套；4 下层楼板；5 上层楼板；6 第三套筒

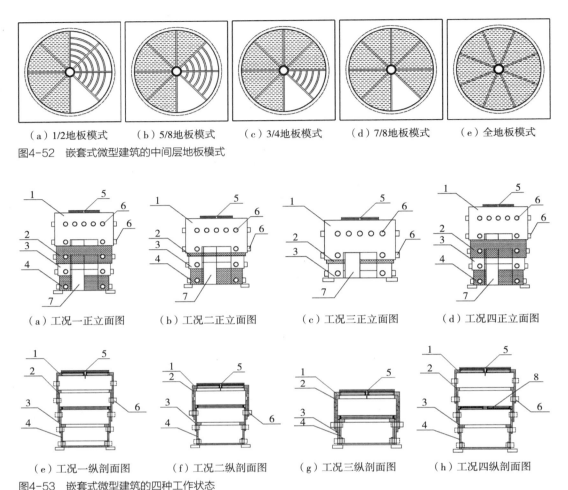

（a）1/2地板模式　　（b）5/8地板模式　　（c）3/4地板模式　　（d）7/8地板模式　　（e）全地板模式

图4-52　嵌套式微型建筑的中间层地板模式

（a）工况一正立面图　　　（b）工况二正立面图　　　（c）工况三正立面图　　　（d）工况四正立面图

（e）工况一纵剖面图　　　（f）工况二纵剖面图　　　（g）工况三纵剖面图　　　（h）工况四纵剖面图

图4-53　嵌套式微型建筑的四种工作状态

1 第一套筒；2 第二套筒；3 第三套筒；4 第四套筒；5 天窗结构；6 侧窗结构；7 门结构；8 楼板结构

度略高于侧窗结构的直径，也开设有一排若干个圆形的侧窗孔。底座设置于地面，通过侧窗结构与第一套筒的底部连接，用于将整个建筑固定于地面。

　　这种嵌套式微型建筑可根据使用者的实际需要，对四个套筒采取不同的拼接方式，以调整建筑高度，并增设建筑的二层空间。具体可分为以下四种工况，如图4-53所示。

　　第一工况：将第一套筒的下排侧窗孔和第二套筒的上排侧窗孔一一对应，每对侧窗孔均用侧窗结构贯穿以进行连接。将第二套筒的下排侧窗孔和第三套筒的上排侧窗孔一一对应，每对侧窗孔均用侧窗结构贯穿以进行连接。将第三套筒的下排侧窗孔和第四套筒的上排侧窗孔一一对应，每对侧窗孔均用侧窗结构贯穿以进行连接。将第三套筒的下段门结构插入第三套筒隐形门空腔的下段之中，使第四套筒的门结构完全露出，使其正常使用，可开启或关闭。此时建筑具有较大的高度，可打开建筑最低和最高处的侧窗，以增强热压作用引起的自然通风。另外，第二套筒下部和第四套筒下部的反射涂层均随套筒的拉伸而显露出来，可大大增加建筑表面对太阳辐射热量的反射，再结合天窗状态一，进一步降低室内空气温度，使室内人员感到凉爽。此工况主要适用于夏季。

第二工况：将第一套筒的下排侧窗孔、第二套筒的下排侧窗孔和第三套筒的上排侧窗孔一一对应，每对侧窗孔均用侧窗结构贯穿以进行连接。将第三套筒的下排侧窗孔和第四套筒的上排侧窗孔一一对应，每对侧窗孔均用侧窗结构贯穿以进行连接。将第三套筒的下段门结构插入第三套筒隐形门空腔的下段之中，使第四套筒的门结构完全露出，使其正常使用，可开启或关闭。此时建筑具有适中的高度，可在一定程度上形成热压作用引起的自然通风。另一方面，第四套筒下部的反射涂层随套筒的拉伸而显露出来，可在一定程度上增加建筑表面对太阳辐射热量的反射，再结合天窗状态二，可使室内人员感到冷热适宜。此工况主要适用于过渡季节。

第三工况：将第一套筒的下排侧窗孔、第二套筒的下排侧窗孔、第三套筒的下排侧窗孔和第四套筒的上排侧窗孔一一对应，每对侧窗孔均用侧窗结构贯穿以进行连接。将第一、第二、第三套筒的门结构分别插入各自的隐形门空腔之中，使第四套筒的门结构完全露出，使其正常使用，可开启或关闭。此时建筑具有较小的高度，可减弱热压作用引起的自然通风，再结合天窗状态二，可使室内人员感到温暖。另一方面，四个套筒的彼此叠合使建筑的保温层增厚，也可进一步提高室内人员的舒适感。此工况主要适用于冬季。

第四工况：将第一套筒的下排侧窗孔和第二套筒的上排侧窗孔一一对应，每对侧窗孔均用侧窗结构贯穿以进行连接。将第二套筒的下排侧窗孔和第三套筒的上排侧窗孔一一对应，每对侧窗孔均用侧窗结构贯穿以进行连接。将第三套筒的下排侧窗孔和第四套筒的上排侧窗孔一一对应，每对侧窗孔均用侧窗结构贯穿以进行连接。将第三套筒的下段门结构插入第三套筒隐形门空腔的下段之中，使第四套筒的门结构完全露出，使其正常使用，可开启或关闭。将楼板结构安装于第三套筒的圆环形楼板支架之内，形成跃层建筑。楼板构架的空洞位置，既可设置用于安装楼梯，又可用于实现上下楼层之间的自然通风。此工况主要适用于各季节建筑需要跃层结构时。

4.6.5　嵌套式微型建筑的特色和优势

（1）通过建筑结构的设计，可使微型建筑改变高度，具有对不同季节和不同地域气候环境良好的适应性。

（2）通过套筒墙面的伸缩，可将太阳辐射反射层显露或隐藏，使其在不同天气情况下对太阳辐射具有不同的吸收或反射效果，从而改善室内热环境。

（3）通过屋顶天窗结构的设计，运用热压原理进行通风，并可对屋顶的太阳辐射热量进行调整。

（4）可根据需要增加建筑的楼层，并灵活调整中间层楼板使用面积和通风状况，以使建筑具有更广泛的适用性。

参考文献

[1] G. Z. 布朗，马克·德凯. 太阳辐射·风·自然光，建筑设计策略（原著第二版）[M]. 常志刚，刘毅军，朱宏涛，译. 北京：中国建筑工业出版社，2018，1.

附录
图片来源目录

图1-1（a）图片来源：

https://bbs.fobshanghai.com/thread-3113926-1-1.html

图1-1（b）图片来源：

http://www.visionunion.com/article.jsp?code=201303260003

图1-1（c）图片来源：

https://new.qq.com/omn/20210413/20210413A064TM00.html

图1-1（d）图片来源：

http://www.zshid.com/?c=building&a=view&id=2317

图1-2（a）图片来源：

https://gz.news.fang.com/2010-06-03/3409949_11.htm

图1-2（b）图片来源：

https://gz.news.fang.com/2010-06-03/3409949_11.htm

图1-2（c）图片来源：

https://egda.com/wayfinding/life/sauna-sleep.html

图1-3（a）图片来源：

https://www.yscpl078.cn.qiyeku.com/productshow-39169252.html

图1-3（b）图片来源：

http://biz.co188.com/content_product_63601842.html

图1-3（c）图片来源：

https://www.163.com/dy/article/FGN30E3J0542048X.html

图1-4（a）图片来源：

https://auto.ifeng.com/beijingzh/jiangjia/2021/1017/628217.shtml

图1-4（b）图片来源：

https://auto.ifeng.com/beijingzh/jiangjia/2021/1017/628217.shtml

图1-5图片来源：

https://ok.pai-hang-bang.cn/tuijian-气床汽车用后备箱专用气垫床.html

图1-6（a）图片来源：

https://K.sina.com.cn/article_3019808433_b3fe9eb1001021rxw.html

图1-6（b）图片来源：

https://K.sina.com.cn/article_6472799163_181cf13bb0010082st.html

图1-6（c）图片来源：

https://K.sina.com.cn/article_6472799163_181cf13bb0010082st.html

图1-7（e）图片来源：

https://www.meituan.com/feedback/1399239322/

图2-1（a）图片来源：

https://pic3.pocoimg.cn/image/poco/works/83/2019/0210/13/15497759692821896_51578070.jpg

图2-1（b）图片来源：

http://www.wood-lk.com/article-4422.aspx

图2-1（d）图片来源：

https:/k.sina.com.cn/article_3266669812_pc2b56cf402700bp35.html

图2-2（a）图片来源：

https://history.sohu.com/a/196964573_99930806

图2-2（b）图片来源：

https://www.sohu.com/a/455653479_120081977

图2-2（c）图片来源：

https://bbs.vivo.com.cn/newbbs/thread/2117565?mod=viewthread&tid=2117565

图2-2（d）图片来源：

http://www.cailicai.com/redian/962299.html

图3-12图片来源：

贺平，孙刚，王飞，吴华新．供热工程（第四版）[M]．北京：中国建筑工业出版社，2009.

图4-1图片来源：

https://www.sohu.com/a/216712448_105446

图4-2图片来源：

https://www.sohu.com/a/216712448_105446

图4-3图片来源：

https://www.sohu.com/a/216712448_105446

图4-4图片来源：

https://www.sohu.com/a/216712448_105446

书中其余图片均为作者拍摄、绘制。

后记

不知不觉间，在微型建筑热环境方面的研究已有八年。八年以来，从将非线性设计理念融入建筑设计，到对于微型建筑室内热环境和人体热舒适的深入探索，学科交叉，理念共融，每一个微型建筑的搭建，每一次实验设计和测试，每一次数据处理，每一次现场调研，都凝聚着课题组师生们的智慧和汗水。也有过迷茫和困惑，也有过失败和挫折，值得欣慰的是，研究工作一直在向前推进，并且至今已经取得了阶段性的成果。

感谢课题组陈星老师和研究生郑全权、徐港昌、孙滢、钱振东、顾方园、王新宇、鲁波、张艳、殷志鹏和罗伟的努力工作，是你们多年积累的研究成果，才使本书能顺利完成并出版。

感谢扬州大学电气与能源动力工程学院以及建筑科学与工程学院领导们的关心和支持，为我们的科学研究和书籍撰写工作提供了便利的条件，并激励着我们努力前行。

感谢扬州大学出版基金的经费资助，让我们的研究工作能顺利开展。

感谢建筑环境行业国际知名专家、香港理工大学杨洪兴教授为本书撰写序言，并对本书进行了悉心指点。

感谢中国建筑工业出版社唐旭主任和吴人杰老师对本书的关心指导，使我们的研究成果能顺利转化成书。

完稿之际，感慨万千，作者才疏学浅，无意著书立说，只盼能为提高我国人居环境，改善人口和住房问题尽些绵薄之力，便无憾矣。